# Übungsbuch Statistik

Von
Dr. Bernd Leiner
Professor für Statistik an der
Universität Heidelberg

Dritte, verbesserte Auflage

R. Oldenbourg Verlag München Wien

**Die Deutsche Bibliothek – CIP-Einheitsaufnahme**

Leiner, Bernd:
Übungsbuch Statistik / von Bernd Leiner. – 3., verb. Aufl.. -
München ; Wien : Oldenbourg, 2002
 ISBN 3-486-25914-8

© 2002 Oldenbourg Wissenschaftsverlag GmbH
Rosenheimer Straße 145, D-81671 München
Telefon: (089) 45051-0
www.oldenbourg-verlag.de

Das Werk einschließlich aller Abbildungen ist urheberrechtlich geschützt. Jede Verwertung außerhalb der Grenzen des Urheberrechtsgesetzes ist ohne Zustimmung des Verlages unzulässig und strafbar. Das gilt insbesondere für Vervielfältigungen, Übersetzungen, Mikroverfilmungen und die Einspeicherung und Bearbeitung in elektronischen Systemen.

Gedruckt auf säure- und chlorfreiem Papier
Gesamtherstellung: WB-Druck, Rieden

ISBN 3-486-25914-8

Inhaltsverzeichnis

|  | Seite |
|---|---|
| Vorwort | VII |
| Aufgaben zur Methodenlehre | 1 |
| Lösungen zur Methodenlehre (Aufgaben 1 bis 77) | 24 |
| Zusatzaufgaben | 87 |
| Lösungen der Zusatzaufgaben (Aufgaben 78 bis 84) | 92 |
| Literaturverzeichnis | 109 |
| Sachverzeichnis | 110 |

**Vorwort zur dritten Auflage**

Das Übungsbuch Statistik hat sich im Grundstudium als Begleitbuch zur Veranstaltung „Allgemeine Methodenlehre der Statistik" bewährt. Erfahrungsgemäß dienen Übungen dem Umsetzen des Vorlesungsstoffs, um ein gutes Abschneiden in der Klausur zu gewährleisten. Zu einer guten Lösung gehört zunächst ein allgemeiner Ansatz – man sollte sich die wichtigsten statistischen Formeln einprägen – das Einfügen der numerischen Angaben sowie das Rechnen bis zur Lösung, wozu heute auch von Wirtschaftswissenschaftler Fertigkeiten wie das Differenzieren und Integrieren erwartet werden. Dieses Übungsbuch soll auch weiterhin hierzu ein wenig beitragen.

Bernd Leiner

**Vorwort zur ersten und zweiten Auflage**

Statistische Übungen sind an heutigen Universitäten Grundstudiumsveranstaltungen mit mehreren hundert Studierenden in einem Hörsaal. Statistische Aufgaben aber sollten in Ruhe gelöst werden können. Dazu will dieses Buch beitragen.

Dieses Buch basiert einerseits auf einem von mir in Heidelberg in Statistischen Übungen präparierten Fragenkatalog zur Vorlesung "Allgmeine Methodenlehre der Statistik". Andererseits habe ich aus früheren Klausuren Fragen in dieses Buch übernommen, die nach dem dokumentierten Interesse auch gegenwärtig noch meine Studierenden beschäftigen. Entscheidende Impulse zu meinem Vorgehen verdanke ich meinem zu früh verstorbenen Lehrer und Kollegen Günter Menges, mit dessen Fragen ich mich schon im Jahre 1960 auseinandersetzte, damals im 1. Semester. Einige seiner Fragen sind zu schön, um in Vergessenheit zu geraten, so das Paradoxon von Bertrand.

Die hier präsentierte Mischung von Fragen und - zum Kontrollieren eigener Bemühungen - von ausführlichen Antworten erscheint mir repräsentativ für typische Anfängerprobleme. Als Begleittext ist meine "Einführung in die Statistik", die der R. Oldenbourg Verlag herausbringt, zu empfehlen, wenn beim Leser noch kein Grundwissen der Statisitk vorliegt. Das unmittelbare Ziel ist jedoch die Vorbereitung auf die Statistik-Klausur, so daß das Buch auch als Repetitorium angesehen werden kann.

Mit den beigefügten Zusatzfragen wird ein fortgeschrittenes Interesse angesprochen. Der Anfänger kann diese Zusatzfragen übergehen.

Für die langjährige hervorragende Zusammenarbeit mit dem R. Oldenbourg Verlag habe ich ganz herzlich Herrn Dipl.-Volkswirt Martin Weigert zu danken.

Bernd Leiner

**Aufgaben zur Methodenlehre**

**Aufgabe 1**

Vier Studenten A, B, C, D und zwei Studentinnen E und F wählen ein Dreierkomitee. Bestimmen Sie die Ereignisse

X = "Die Studentinnen haben die Mehrheit im Komitee",
Y = "Im Komitee befindet sich keine Studentin",
Z = "Das Komitee wird nur von Studentinnen gebildet".

**Aufgabe 2**

Beim einmaligen Werfen eines Würfels sei

X = "Augenzahl ist ungerade"
Y = "Augenzahl ist kleiner als 3".

Bestimmen Sie die Ereignisse $\overline{X}$, $\overline{Y}$, $X \cup Y$, $X \cap Y$, $\overline{X \cup Y}$, $\overline{X} \cup \overline{Y}$, $\overline{X \cap Y}$, $\overline{X} \cap \overline{Y}$, X–Y, Y–X, $\overline{X-Y}$ und $\overline{Y-X}$, wenn $\overline{X}$ das mengentheoretische Komplement von X ist.

**Aufgabe 3**

Bestimmen Sie den Ereignisraum für das einmalige Werfen eines Würfels. Wie lauten die Elementarereignisse? Wieviele Ereignisse lassen sich in diesem Ereignisraum bilden?

**Aufgabe 4**

Bestimmen Sie den Ereignisraum und die Potenzmenge des Zufallsexperiments "Werfen einer Münze" mit den beiden Elementarereignissen K = "Kopf" und W = "Wappen".

**Aufgabe 5**

Wie lauten die Axiome von Kolmogoroff? Wie kann man sie interpretieren?

**Aufgabe 6**

$\overline{A}$ sei das zu A komplementäre Ereignis. Zeigen Sie, daß

$P(\overline{A}) = 1 - P(A)$.

**Aufgabe 7**

Wie groß ist die Wahrscheinlichkeit, daß beim Werfen von zwei Münzen

a) beide "Kopf" zeigen,
b) eine "Kopf", die andere "Wappen" zeigt,
c) beide "Wappen" zeigen"?

**Aufgabe 8**

Eine Urne enthält:
4 rote Kugeln mit einem Kreuz
5 rote Kugeln ohne Kreuz,
3 blaue Kugeln mit einem Kreuz,
2 blaue Kugeln ohne Kreuz,
3 weiße Kugeln mit einem Kreuz und
3 weiße Kugeln ohne Kreuz.

Wie groß ist die Wahrscheinlichkeit, beim einmaligen Ziehen einer Kugel

a)     eine weiße Kugel zu ziehen,
b)     eine Kugel mit Kreuz zu ziehen,

c) eine blaue Kugel mit einem Kreuz oder eine weiße Kugel ohne Kreuz zu ziehen,
d) eine rote Kugel oder eine Kugel mit einem Kreuz zu ziehen,
e) eine Kugel mit einem Kreuz zu ziehen, wenn man erfährt, daß die gezogene Kugel blau ist,
f) eine rote Kugel zu ziehen, wenn man erfährt, daß die gezogene Kugel ein Kreuz hat?

**Aufgabe 9**

Eine Urne wird durch eine Trennwand in zwei Hälften aufgeteilt. In der 1. Hälfte liegen 4 blaue und 6 grüne Kugeln, in der 2. Hälfte liegen 3 blaue und 5 grüne Kugeln.

Wie groß ist die Wahrscheinlichkeit, beim einmaligen Ziehen

a) eine grüne Kugel zu ziehen, wenn die Wahrscheinlichkeit, eine der Hälften auszuwählen, gleich 1/2 ist,
b) eine grüne Kugel zu ziehen, wenn man weiß, daß sie aus der 2. Hälfte stammt,
c) eine Kugel aus der 1. Hälfte zu ziehen,
d) eine grüne Kugel zu ziehen, wenn die Wahrscheinlichkeit, eine der beiden Hälften auszuwählen, sich nach dem Verhältnis der Anzahlen der in den Hälften jeweils insgesamt vorhandenen Kugeln bemißt,
e) eine blaue Kugel zu ziehen, wenn die Trennwand entfernt ist?

**Aufgabe 10**

In einer Urne sind 6 rote und 4 grüne Kugeln. Zwei Kugeln werden nacheinander gezogen (ohne Zurücklegen!). Mit welcher Wahrscheinlichkeit zieht man

a) zuerst eine rote, danach eine grüne Kugel?
b) überhaupt eine rote und eine grüne Kugel?

**Aufgabe 11**

Udo und Susi zelten mit vier Freunden am Meer. Zwei von ihnen sollen das Zelt aufräumen. Es wird gelost. Mit welcher Wahrscheinlichkeit
a) muß Udo beim Aufräumen helfen?
b) müssen Udo und Susi aufräumen?


**Aufgabe 12**

3 befreundete Ehepaare (A, a), (B, b) und (C, c) spielen in einem Kegelclub. Beim "Königskegeln" müssen je zwei Personen zusammenspielen, so daß 3 Mannschaften zu bilden sind. Für diese Zweiermannschaften werden die Frauen ausgelost, so daß immer ein Mann mit einer Frau zusammen kegelt.

Wie groß ist die Wahrscheinlichkeit, daß die Auslosung der drei Mannschaften ergibt, daß keine der Frauen mit ihrem Ehemann in der gleichen Mannschaft ist? (Hinweis: Für n=2 Ehepaare wäre die gesuchte Wahrscheinlichkeit W = 0,5, da von 2 denkbaren Mannschaftsbildungen (Aa, Bb einerseits und Ab, Ba andererseits) nur die mit Ab und Ba die geforderte Bedingung erfüllt.)


**Aufgabe 13**

Zwei Kugeln werden zufällig in eins von fünf Fächern geworfen. Mit welcher Wahrscheinlichkeit liegen sie nicht im selben Fach?


**Aufgabe 14**

Drei verschiedenfarbige Kugeln A, B und C werden zufällig in die Fächer 1, 2 und 3 geworfen.

Mit welcher Wahrscheinlichkeit

a)   liegen alle Kugeln im selben Fach,

b) liegt in jedem Fach nur eine Kugel,
c) liegen genau zwei Kugeln in einem der Fächer und die andere in einem der beiden anderen Fächer?

**Aufgabe 15**

Vier Mengen haben die folgenden Anzahlen von Elementen:

| Menge | A ∩ B | A ∩ $\overline{B}$ | $\overline{A}$ ∩ B | $\overline{A}$ ∩ $\overline{B}$ |
|---|---|---|---|---|
| Elementen-anzahl | $a_1$ | $a_2$ | $a_3$ | $a_4$ |

Man formuliere die Unabhängigkeit zwischen A und B vermittels der Anzahlen $a_1$, $a_2$, $a_3$, $a_4$ ($\overline{A}$ bzw. $\overline{B}$ sind die Komplemente zu A bzw. B).

**Aufgabe 16**

Ein Student aus Hobbyland betreibt mit gleichem zeitlichen Aufwand die Sportarten Fußball, Schwimmen und Tennis. In Hobbyland sind gutes Wetter und schlechtes Wetter gleichwahrscheinlich.
(1) Ist das Wetter gut, so ist die Wahrscheinlichkeit, daß man den Studenten beim Tennis antrifft, gleich 1/3.
(2) Ist das Wetter schlecht, so ist der Student mit Sicherheit nicht im Schwimmbad anzutreffen.
Berechnen Sie aufgrund dieser Angaben für die verbleibenden 4 von 6 Situationen die bedingten Wahrscheinlichkeiten, mit denen der Student unter der Bedingung guten bzw. schlechten Wetters nun Fußball bzw. Tennis spielt bzw. im Schwimmbad ist.

**Aufgabe 17**

In einer chemischen Fabrik hält jede Nacht ein Arbeiter Feuerwache. Wenn ein Brand ausbricht, hat er sofort den Feuermelder zu betätigen. Stichproben haben ergeben, daß der Feuerwächter einen Brand mit Wahrscheinlichkeit 0,03 zu spät entdecken würde. Mit geschätzter Wahrscheinlichkeit von 0,002 wird der Feuermelder nicht funktionieren, wenn er betätigt wird. Wie groß ist die Wahrscheinlichkeit, daß im Falle eines Brandes die Feuerwehr rechtzeitig alarmiert wird?


**Aufgabe 18**

In einem Betrieb sind zwei unabhängig voneinander arbeitende Maschinen aufgestellt. Aufgrund von Voruntersuchungen konnte festgestellt werden, daß während eines Tages Maschine 1 mit Wahrscheinlichkeit 0,2 und Maschine 2 mit Wahrscheinlichkeit 0,1 ausfällt.

Wie groß ist die Wahrscheinlichkeit, daß im Laufe eines Tages
a)  keine Maschine ausfällt,
b)  mindestens eine Maschine ausfällt,
c)  beide Maschinen ausfallen,
d)  genau eine Maschine ausfällt?


**Aufgabe 19**

In einer Schuhproduktion werden Oberteil, Sohlen und Absätze getrennt hergestellt und zufällig zu einzelnen Schuhen zusammengesetzt. 5% der Oberteile, 10% der Sohlen und 2% der Absätze weisen Fehler auf.

a)  Mit welcher Wahrscheinlichkeit wird ein einwandfreier Schuh hergestellt?
b)  Ein Schuh wird ausgesondert, wenn er mehr als einen Fehler aufweist. Mit welcher Wahrscheinlichkeit wird ein Schuh ausgesondert?
c)  Schuhe mit genau einem Fehler werden als 2. Wahl verkauft. Mit welcher Wahrscheinlichkeit wird ein Schuh als 2. Wahl verkauft?

**Aufgabe 20**

Zwei Würfel werden geworfen. Berechnen Sie die Wahrscheinlichkeit, daß

a)  die Summe der Augenzahlen größer als 9 ist,
b)  der Absolutwert der Differenz der Augenzahlen genau 1 beträgt,
c)  der Absolutwert der Differenz der Augenzahlen mindestens 2 beträgt.

**Aufgabe 21**

Land Y hat 14 Millionen Einwohner.
700 000 Einwohner sind arbeitslos.
400 000 Einwohner sind Akademiker.
100 000 Einwohner sind arbeitslose Akademiker.

Bestimmen Sie die Wahrscheinlichkeit

a)  daß ein beliebiger Einwohner arbeitslos ist,
b)  daß ein beliebiger Einwohner ein Akademiker ist,
c)  daß ein Einwohner arbeitslos ist, wenn man weiß, daß er ein Akademiker ist,
d)  daß ein Einwohner Akademiker ist, wenn man weiß, daß er ein Arbeitsloser ist?
e)  Nach welchem Typ von Wahrscheinlichkeiten wird bei c) und d) gefragt? Welche Ereignisräume sind Grundlage der Berechnungen c) und d)?

**Aufgabe 22**

Drei Würfel werden geworfen.
A)  Wie groß ist die Wahrscheinlichkeit, daß die Augenzahl "4"
    a)  dreimal ("Drilling" von Vierern),
    b)  zweimal ("Paar" von Vierern),
    c)  einmal,
    d)  nicht
vorkommt?

B) Wie groß ist die Wahrscheinlichkeit
a) für einen "Drilling" (drei gleiche Augenzahlen),
b) für ein "Paar" (zwei gleiche Augenzahlen)?

**Aufgabe 23**

Madame Kim besitzt 50 Naturperlen, 50 Zuchtperlen und zwei Vasen.

a) Wie kann sie sämtliche Perlen ihrer Sammlung so auf die beiden Vasen aufteilen, daß Herr Kim, wenn er zufällig einer der beiden Vasen eine Perle entnimmt, die größte Chance hat, eine Zuchtperle (Z) zu erwischen? Wie werden die Perlen hierbei aufgeteilt und wie stehen seine Chancen?

b) Bei welcher Aufteilung hätte Herr Kim die geringste Chance, eine Zuchtperle zu erwischen? (In jeder Vase soll mindestens eine Perle sein.)

**Aufgabe 24**

Es ist festgestellt worden, daß eine Annonce in einer Zeitung mit einer Wahrscheinlichkeit von 0,03 gelesen wird. Ein Leser, der eine solche Annonce tatsächlich liest, kauft mit einer Wahrscheinlichkeit von 0,998 den angepriesenen Gegenstand nicht. Ein Leser, der die Annonce nicht liest, kauft mit einer Wahrscheinlichkeit von 0,999 den angepriesenen Gegenstand nicht. Mit welcher Wahrscheinlichkeit kauft der Zeitungsleser den angepriesenen Gegenstand nicht?

**Aufgabe 25**

In einer Schublade liegen sechs rote, vier blaue und zwei grüne Socken. Zwei der Socken werden im Dunkeln nacheinander aus der Schublade genommen.

a) Mit welcher Wahrscheinlichkeit sind sie gleichfarbig?
b) Mit welcher Wahrscheinlichkeit handelt es sich um rote Socken, wenn die ausgesuchten Socken gleichfarbig sind?

**Aufgabe 26**

Auf einer Wohltätigkeitsveranstaltung werden auf 100 Lose 10 Pullover verlost. 5 Pullover sind weiß. Unter den weißen (und nur unter diesen) befindet sich ein Pullover mit Übergröße. Roland hat eine übergroße Statur. Wenn er ein Los kauft, wie groß ist dann seine Wahrscheinlichkeit,

a)   den für ihn richtigen Pullover zu erhalten,
b)   einen weißen Pullover zu erhalten,
c)   einen Pullover überhaupt zu erhalten,
d)   den für ihn richtigen Pullover zu erhalten, wenn er erfährt, daß er einen weißen Pullover gewonnen hat?

**Aufgabe 27**

In einer Fernsehlotterie werden 20 Autos verlost. Von diesen gehören 12 der Marke X an, 8 der Marke Y. 5 der Y–Autos und 4 der X–Autos sind rot (R), die anderen grün (G). Bestimmen Sie die folgenden Wahrscheinlichkeiten:

a) $P(X)$, b) $P(Y)$, c) $P(G)$, d) $P(R)$, e) $P(X|G)$, f) $P(R|Y)$.

**Aufgabe 28**

Zwei Spieler A und B spielen ein Spiel, in dem beide gleiche Gewinnchancen in jeder Spielrunde haben. Das Spiel endet, wenn einer der Spieler 3 der Spielrunden gewonnen hat (also spätestens in der 5. Speilrunde). Für jede gewonnene Spielrunde gibt es einen Punkt. Beim Punktestand 2:0 (A hat 2 Punkte, B hat keinen Punkt) wollen die Spieler das Spiel abbrechen.

A)   Mit welcher Wahrscheinlichkeit
   a)   hätte Spieler A die nächste Spielrunde und damit das Spiel gewonnen,
   b)   hätte Spieler B das Spiel gewinnen können?

B)   Wie ist der bisherige Spieleinsatz (insgesamt sind 64 DM eingesetzt worden) gerecht (d.h. entsprechend den Gewinnchancen der Spieler) unter die Spieler A und B bei Spielabbruch mit dem Punktestand 2:0 aufzuteilen?

**Aufgabe 29**

Ein Doppelexperiment (A, B) hat die folgenden möglichen Ausgänge
$a_{ij} = n(A_i \cap B_j)$; $i = 1, 2, 3$; $j = 1, 2, 3, 4$

| $a_{ij}$ | $B_1$ | $B_2$ | $B_3$ | $B_4$ |
|---|---|---|---|---|
| $A_1$ | 6 | 3 | 9 | 4 |
| $A_2$ | 0 | 8 | 7 | 2 |
| $A_3$ | 3 | 4 | 6 | 1 |

So ist etwa $a_{23} = n(A_2 \cap B_3) = 7$.
Man bestimme die marginalen Wahrscheinlichkeiten.

**Aufgabe 30**

Bertrands Paradoxon (siehe Menges (1968), S. 114): Drei Schränke enthalten je zwei Schubladen. Beide Schubladen des einen Schranks enthalten je eine Goldmünze, beide Schubladen des zweiten Schranks enthalten je eine Silbermünze, der dritte Schrank enthält in der einen Schublade eine Goldmünze, in der anderen Schublade eine Silbermünze. Ein Schrank wird zufällig ausgewählt, eine Schublade geöffnet. Sie enthält eine Goldmünze. Wie groß ist die Wahrscheinlichkeit, daß die Münze in der anderen Schublade eine Silbermünze ist?

**Aufgabe 31**

Ein Angler pflegt sonntagsmorgens an drei verschiedenen Seen A, B und C zu angeln. Die Wahrscheinlichkeit, daß er nach einer Stunde etwas gefangen hat, beträgt bei See A 2/3, bei See B 3/4 und bei See C 4/5. In der Nähe eines je—

den Sees ist eine Ausflugslokal mit Telefon. In dem Ausflugslokal nahe See B ist eine attraktive Wirtin. Darum sieht es die Ehefrau des Anglers nicht gern, wenn er an B angeln geht. Der Angler hingegen versichert, daß er jeweils einen der drei Seen ganz zufällig aufsuche. Eines Sonntagsmorgens ruft er seine Frau nach einer Stunde Angelns an und berichtet, daß er etwas gefangen habe. Wie groß ist die Wahrscheinlichkeit, daß er an B geangelt hat?

**Aufgabe 32**

In einer Abteilung werden 3 Maschinen A, B und C zur Herstellung von Glühbirnen (100 Watt) eingesetzt. Sie sind mit 30%, 10% und 60% an der Gesamterzeugung dieser Glühbirnen beteiligt. 5% der mit A, 2% der mit B und 1% der mit C erzeugten Glühbirnen sind defekt. Wie groß ist die Wahrscheinlichkeit, daß eine zufällig aus der Produktion dieser Abteilung herausgegriffene Glühbirne von 100 Watt, die sich als defekt erweist, von Maschine C produziert wurde?

**Aufgabe 33**

Die Töchter Annbritt, Bini und Carmen haben für das tägliche Geschirrwaschen folgende Absprache getroffen: Annbritt als älteste Tochter braucht nur einmal in der Woche abzuwaschen, Bini und Carmen müssen jedoch je dreimal wöchentlich abwaschen. Carmen als jüngste Tochter macht im Durchschnitt bei jeder 20. Geschirrwäsche etwas kaputt, Annbritt und Carmen im Durschnitt jeweils nur bei jeder 30. Geschirrwäsche.

Eines Tages bemerkt die Mutter nach dem Geschirrwaschen, daß ihre Teekanne zerbrochen im Abfalleimer liegt. Mit welcher Wahrscheinlichkeit kann sie Carmen zerbrochen haben?

**Aufgabe 34**

Beim Studium eines diagnostischen Tests zur Feststellung der Krankheit K hat sich bei 1050 von 1500 kranken und bei 180 von 2000 gesunden Versuchspersonen eine positive Reaktion P ergeben. Man schätzt, daß 5% der Gesamtbevölkerung an K leiden. Herr Weber unterzieht sich dem Test. Die Reaktion ist positiv. Wie groß ist die Wahrscheinlichkeit, daß Herr Weber wirklich an K leidet?

**Aufgabe 35**

Eine Münze hat auf beiden Seiten einen Kopf. Sie wird in einem Behälter mit 80 Münzen gemischt, die auf einer Seite diesen Kopf und auf der anderen Seite ein Wappen haben. Nun wird eine Münze dem Behälter entnommen und viermal geworfen. Jedesmal erscheint Kopf.

Wie groß ist die Wahrscheinlichkeit, daß dies die Münze mit den beiden Köpfen war?

**Aufgabe 36**

In einer Firma, die Autozubehör liefert, hat man beobachtet, daß von 1000 Scheibenwischern im Durchschnitt einer nicht funktioniert ($\overline{F}$). Weiter weiß man, daß ein Prüfer von 100 nicht funktionierenden Scheibenwischern jeweils 90 als defekt (D) bezeichnen wird. Andererseits wird er unter 100 funktionierenden Scheibenwischern einen als defekt bezeichnen.

Wie groß ist die Wahrscheinlichkeit, daß ein von dem Prüfer als defekt bezeichneter Scheibenwischer

a)  nicht funktioniert,
b)  funktioniert?

**Aufgabe 37**

Beschreiben Sie die allgemeinen Eigenschaften von Verteilungsfunktionen.

**Aufgabe 38**

In welcher Weise hängen die Verteilungsfunktion einerseits sowie Dichtefunktion und Wahrscheinlichkeitsverteilung andererseits zusammen?

**Aufgabe 39**

Geben Sie 5 Beispiele für Zufallsvariablen und deren Realisationen.

**Aufgabe 40**

Eine Zufallsvariable X nimmt die Werte 2, 3, 4, 6 mit den Wahrscheinlichkeiten 1/8, 1/2, 1/4, 1/8 an.

a) Bestimmen Sie den Erwartungswert und die Varianz von X.
b) Standardisieren Sie X.
c) Bestimmen Sie die Verteilungsfunktion.

**Aufgabe 41**

Eine Zufallsvariable X hat die Dichtefunktion

$$f(x) = \begin{cases} 2/3 & \text{für } 0 < x \leq 1 \\ 1/3 & \text{für } 3 < x \leq 4 \\ 0 & \text{sonst.} \end{cases}$$

Man suche die Verteilungsfunktion dieser Dichtefunktion.

**Aufgabe 42**

Eine Zufallsvariable X hat die Dichtefunktion

$$f(x) = \begin{cases} 0{,}25(2+x) & \text{für } -2 < x \leq 0 \\ 0{,}25(2-x) & \text{für } 0 < x \leq 2 \\ 0 & \text{sonst.} \end{cases}$$

a) Man bestimme den Erwartungswert von X.
b) Man bestimme die Varianz von X.
c) Man bestimme die Verteilungsfunktion von X.

**Aufgabe 43**

Gegeben sei die Funktion

$$f(x) = \begin{cases} a(3+x) & \text{für } -3 < x \leq 0 \\ a(3-x) & \text{für } 0 < x \leq 3 \\ 0 & \text{sonst.} \end{cases}$$

a) Für welchen Wert von a wird f(x) zur Dichtefunktion einer Zufallsvariablen X?
b) Geben Sie die Verteilungsfunktion von X an.
c) Berechnen Sie den Erwartungswert von X.
d) Berechnen Sie die Varianz von X.

**Aufgabe 44**

Eine Zufallsvariable X hat die Dichtefunktion

$$f(x) = \begin{cases} 1/2 + x/6 & \text{für } -3 < x \leq 0 \\ 1/2 - x/2 & \text{für } 0 < x \leq 1 \\ 0 & \text{sonst.} \end{cases}$$

a) Bestimmen Sie den Erwartungswert von X.
b) Bestimmen Sie die Varianz von X.
c) Wie lautet die Verteilungsfunktion?

**Aufgabe 45**

Eine Zufallsvariable X nimmt die Werte 1, 2, 3 mit den Wahrscheinlichkeiten 1/4, 1/2, 1/4 an.

a) Man bestimme das erste, zweite und dritte gewöhnliche Moment von X.
b) Man bestimme das erste, zweite und dritte zentrale Moment von X.

**Aufgabe 46**

Berechnen Sie für die Zufallsvariable "Augenzahl beim einmaligen Werfen eines Würfels" den Erwartungswert, das zweite gewöhnliche Moment und die Varianz.

**Aufgabe 47**

Zeigen Sie, daß in einem Bernoulli–Experiment mit n=3 gilt:

$P(X = k | k = 1 \text{ oder } k = 2) = 3pq$.

p ist der Bernoulliparameter.

**Aufgabe 48**

Zeigen Sie, daß in einer Bernoullifolge, die sich aus n=7 Einzelversuchen zusammensetzt, die Wahrscheinlichkeit, daß sich mehr als zwei aber weniger als fünf Erfolge einstellen, gleich $35p^3q^3$ (mit $q = 1 - p$) ist, wenn p die Erfolgswahrscheinlichkeit im Einzelversuch ist.

**Aufgabe 49**

Die Wahrscheinlichkeit, daß ein Studienanfänger das Studium erfolgreich abschließt, sei 0,7. Wie groß ist die Wahrscheinlichkeit, daß von 4 Studenten

a) keiner,
b) genau einer,
c) wenigstens einer,
d) alle

das Examen bestehen?

**Aufgabe 50**

An einer Veranstaltung des Grundstudiums nehmen 1000 Studierende teil. Zum Erwerb eines Scheines ist die erfolgreiche Teilnahme an zwei Klausuren erforderlich. Alle 1000 Studierende nehmen an beiden Klausuren teil. Nur diejenigen, die in genau einer der beiden Klausuren erfolgreich waren, dürfen an einer Nachklausur im nächsten Semester teilnehmen.

a)  Wieviele Studierende erhalten insgesamt den Schein, wenn in jeder der drei Klausuren die Erfolgswahrscheinlichkeit 80% beträgt und Unabhängigkeit der einzelnen Klausuren angenommen wird?

b)  Wie hoch ist die Durchfallquote insgesamt?

**Aufgabe 51**

In einer Urne sind 5 rote und 15 grüne Kugeln. 6 Kugeln werden nacheinander gezogen (mit Zurücklegen).

Wie groß ist die Wahrscheinlichkeit

a)  4 rote Kugeln,
b)  5 rote Kugeln,
c)  6 rote Kugeln,

d) mehr als 2 grüne Kugeln
zu ziehen?

**Aufgabe 52**

Ein Büro beschäftigt 10 Schreibkräfte. Jede benötigt etwa alle 7 Wochen ein neues Schreibmaschinenband. Wenn zu Beginn einer bestimmten Woche der Materialverwalter feststellt, daß er nur noch 5 Bänder vorrätig hat, wie groß ist die Wahrscheinlichkeit, daß im Laufe der Woche der Vorrat nicht mehr reicht?

**Aufgabe 53**

Der Münzmeister des Königs verpackt Goldmünzen, wobei er 100 Kisten mit jeweils 100 Goldmünzen füllt. In jeder Kiste entnimmt er sodann eine Goldmünze und ersetzt sie durch eine falsche Münze. Der König, dem der Münzmeister verdächtig vorkommt, überprüft die Kisten, indem er aus jeder der Kisten zufällig eine Münze herausgreift und diese untersucht. Als alter Sammler erkennt der König eine falsche Münze eindeutig.

Berechnen Sie (approximativ) die Wahrscheinlichkeit, daß der Münzmeister bei dieser Art von Kontrolle nicht als Fälscher erkannt wird.

**Aufgabe 54**

An einem Sommerabend wird in einem 10–Minuten–Intervall durchschnittlich eine Sternschnuppe beobachtet. Wie groß ist die Wahrscheinlichkeit, daß in einem solchen 10–Minuten–Intervall mehr als zwei Sternschnuppen beobachtet werden?

**Aufgabe 55**

Es wurde festgestellt, daß 2% der Bevölkerung Linkshänder sind. Wie groß ist die Wahrscheinlichkeit, daß in einer Gruppe von 50 Leuten höchstens drei Linkshänder sind?

## Aufgabe 56

Wie groß ist die Wahrscheinlichkeit, im Lotto (6 aus 49) 4 Richtige anzukreuzen?

## Aufgabe 57

A) Ein Betrunkener versucht, seine Haustür zu öffnen. An seinem Schlüsselring sind 4 Schlüssel befestigt. Berechenen Sie den Erwartungswert für die Anzahl der Versuche, die er benötigt, bis er die Haustür öffnen kann,

    a) wenn er ausprobierte Schlüssel nicht mehr verwendet,
    b) wenn er wahllos Schlüssel ausprobiert?

B) Am nächsten Abend berichtet er in seiner Kneipe seinen Trinkfreunden von seinen Schwierigkeiten mit der Haustür. Er erklärt: "Wenn heute auch mein 3. Versuch erfolglos bleibt, komme ich in die Kneipe zurück."

Mit welcher Wahrscheinlichkeit erscheint er wieder in der Kneipe,

    a) wenn er ausprobierte Schlüssel nicht mehr verwendet,
    b) wenn er wahllos Schlüssel ausprobiert?

## Aufgabe 58

Welche Eigenschaften hat die Normalverteilung?

## Aufgabe 59

Mit einer Maschine werden Schrauben hergestellt, deren Länge normalverteilt ist mit Erwartungswert 100 mm und Standardabweichung 2 mm. Schrauben, die größer als 104 mm oder kleiner als 96 mm sind, gelten als Ausschuß.

a) Wie groß ist der Ausschußanteil der Maschine?
b) Wie groß ist der Auschußanteil der Maschine, wenn Schrauben, die größer als 106 mm oder kleiner als 94 mm sind, als Ausschuß gelten?

**Aufgabe 60**

Eine Maschine erstellt Metallplatten, deren Dicke normalverteilt ist mit Erwartungswert 10 mm und Standardabweichung 0,03 mm. Welches symmetrische Toleranzintervall ist zu bestimmen, wenn der Ausschußanteil auf 5% festgelegt wird?

**Aufgabe 61**

Zeigen Sie für identisch und unabhängig verteilte Zufallsvariablen $X_1, ..., X_n$ mit Erwartungswert $\mu$, daß für den Erwartungswert des Stichprobenmittels gilt

$$E(\bar{X}) = \mu.$$

**Aufgabe 62**

Zeigen Sie für identisch und unabhängig verteilte Zufallsvariablen $X_1, ..., X_n$ mit Varianz $V(X_i) = \sigma^2$ für $i = 1, ..., n$, daß für die Varianz des Stichprobenmittels gilt

$$V(\bar{X}) = \frac{\sigma^2}{n}.$$

**Aufgabe 63**

Zeigen Sie für identisch und unabhängig verteilte Zufallsvariablen $X_1, ..., X_n$ mit Varianz $V(X_i) = \sigma^2$ für $i = 1, ..., n$, daß die Varianzschätzung

$$\hat{\sigma}^2 = \frac{1}{n} \sum_{i=1}^{n} (X_i - \mu)^2$$

eine erwartungstreue Schätzung von $\sigma^2$ ist.

**Aufgabe 64**

Wie ist der theoretische Korrelationskoeffizient zwischen zwei Variablen X und Y definiert?

**Aufgabe 65**

Wie berechnet man den empirischen Korrelationskoeffizienten $r(x,y)$?

**Aufgabe 66**

Wie lauten die beiden Bestimmungsgleichungen für die Parameter der linearen Einfachregression nach der Methode der kleinsten Quadrate?

**Aufgabe 67**

Privater Verbrauch C und verfügbares Einkommen Y in der Bundesrepublik Deutschland für die Jahre 1968 bis 1971 sind aus der folgenden Tabelle zu ersehen (in Milliarden DM):

| Jahr | 1968 | 1969 | 1970 | 1971 |
|---|---|---|---|---|
| $C_t$ | 302 | 333 | 369 | 409 |
| $Y_t$ | 344 | 381 | 428 | 476 |

Berechnen Sie mit diesen Angaben die Parameter a und b der Konsumfunktion

$$C_t = a + b\, Y_t + e_t$$

**Aufgabe 68**

Berechnen Sie mit den Angaben der Tabelle von Aufgabe 67 die Parameter a und b der linearen Trendkurve des Konsums

$$C_t = a + b\, t + e_t.$$

**Aufgabe 69**

Welche Bewegungskomponenten von Zeitreihen werden üblicherweise unterschieden? Welche Verknüpfungen werden zwischen den Komponenten bevorzugt?

**Aufgabe 70**

Eine Zuckerfabrik benutzt eine Abfüllmaschine für 500 g–Pakete, die eine vom Hersteller garantierte Varianz der normalverteilten Abfüllmenge von $\sigma^2 = 36$ g$^2$ besitzt. Eine Stichprobe vom Umfang n=25 ergab einen Stichprobenmittelwert von $\bar{x} = 498{,}7$ g. Berechnen Sie ein symmetrisches Konfidenzintervall für den Erwartungswert der Abfüllmenge mit Konfidenzniveau $1 - \alpha = 0{,}95$.

**Aufgabe 71**

Die durchschnittliche Körpergröße der Bewohner eines Landes sei 1,74 m mit einer Standardabweichung von 10 cm. Eine Befragung von 400 Personen ergab eine mittlere Körpergröße von 1,72 m. Die Nullhypothese lautet: Die befragten Personen sind bezüglich der Körpergröße repräsentativ für die Gesamtbevölkerung.

Kann die Nullhypothese mit einer Irrtumswahrscheinlichkeit von 5% abgelehnt werden?

**Aufgabe 72**

Die von einem Hersteller von Kugellagern produzierten Kugeln haben nach seinen Angaben einen garantierten Durchmesser von 20 cm. Eine Stichprobe von 16 Kugeln ergab ein Stichprobenmittel von 19,85 cm mit einer modifizierten Stichprobenvarianz von 6,25 mm$^2$. Ist damit die Nullhypothese des Herstellers mit einer Irrtumswahrscheinlichkeit von 5% widerlegt?

**Aufgabe 73**

Eine Holzhandlung wirbt mit der Behauptung, die von ihr gelieferten Dachlatten hätten eine Toleranz, die 2 cm nicht überschreite.

Ein Nachmessen von 11 Dachlatten ergab die Werte (in cm):

252, 247, 248, 251, 254, 247, 249, 252, 250, 247, 253.

Widerspricht dies der Behauptung? (Irrtumswahrscheinlichkeit: 5%)

**Aufgabe 74**

Was versteht man unter einem Fehler 1. Art bzw. Fehler 2. Art?

**Aufgabe 75**

Was versteht man unter einer Gütefunktion?

**Aufgabe 76**

Es soll festgestellt werden, ob die normalverteilte Dicke von Kunststoffplatten aus zwei Fertigungen unterschiedlich ist bei bekannten Varianz $\sigma^2 = 0,16$ mm$^2$.

Im Durchschnitt hatten 36 Platten der 1. Fertigung eine Dicke von 20,1 mm, während 64 Platten der 2. Fertigung im Durchschnitt eine Dicke von 19,9 mm hatten. (Irrtumswahrscheinlichkeit: 1%)

**Aufgabe 77**

Ein Sportlehrer hat eine Schulklasse in 2 Mannschaften aufgeteilt. Während die 1. Mannschaft gegen die Nachbarklasse Fußball spielt, trainiert die 2. Mannschaft Kugelstoß. Nach einem Monat werden die Leistungen im Kugelstoß verglichen. Die 11 Schüler der 1. Mannschaft erzielen im Durchschnitt eine Weite von 6,54 m mit einer modifizierten Stichprobenvarianz von 1,68 m$^2$. Die Schüler der 2. Mannschaft erzielen im Durchschnitt eine Weite von 7,85 m mit einer modifizierten Stichprobenvarianz von 2,04 m$^2$. Ist der Unterschied der Mittelwerte signifikant bei einer Irrtumswahrscheinlichkeit von 5%?

## Lösungen zur Methodenlehre

### Lösung zu Aufgabe 1

Die gesuchten Ereignisse entsprechen folgenden Mengen:

$$X = \Big\{\{A,E,F\},\{B,E,F\},\{C,E,F\},\{D,E,F\}\Big\}$$

$$Y = \Big\{\{A,B,C\},\{A,B,D\},\{A,C,D\},\{B,C,D\}\Big\}$$

$Z = \emptyset$ \qquad (leere Menge, d.h. es gibt kein Ereignis, daß die gestellten Bedingungen erfüllt).

### Lösung zu Aufgabe 2

Aus den Ereignissen $X = \{1,3,5\}$ und $Y = \{1,2\}$ als Mengen ergeben sich die gesuchten Ereignisse aus den mengentheoretischen Operationen als:

$\overline{X} = \{2,4,6\}$, $\overline{Y} = \{3,4,5,6\}$, $X \cup Y = \{1,2,3,5\}$, $X \cap Y = \{1\}$,

$\overline{X \cup Y} = \overline{X} \cap \overline{Y} = \{4,6\}$, $\overline{X \cap Y} = \overline{X} \cup \overline{Y} = \{2,3,4,5,6\}$ \quad (Regeln von De Morgan)

$X - Y = \{3,5\}$, \quad $Y - X = \{2\}$, \quad $\overline{X-Y} = \{1,2,4,6\}$, \quad $\overline{Y-X} = \{1,3,4,5,6\}$.

### Lösung zu Aufgabe 3

$E = \{1,2,3,4,5,6\}$ ist der Ereignisraum für das einmalige Werfen eines Würfels.

Die Elementarereignisse sind {1},{2},{3},{4},{5},{6}.

Eine Potenzmenge, die auf s Elementarereignissen aufgebaut ist, enthält $2^s$ Ereignisse. Da im Beispiel s = 6, lassen sich $2^6 = 64$ Ereignisse in diesem Ereignisraum bilden.

**Lösung zu Aufgabe 4**

Der Ereignisraum lautet E = {K,W}.

Als Potenzmenge erhält man $\left\{\emptyset, \{K\}, \{W\}, E\right\}$.

Die Potenzmenge enthält also bei s=2 Elementarereignissen $2^s = 4$ Ereignisse.

**Lösung zu Aufgabe 5**

Axiom 1:   $0 \leq P(A) \leq 1$ für jedes Ereignis der Potenzmenge des Ereignisraums E.

Axiom 2:   $P(E) = 1$.

Axiom 3:   $P(A_1 \cup A_2 \cup ...) = P(A_1) + P(A_2) + ...$
für paarweise disjunkte Ereignisse $A_1, A_2, ...$

Interpretation:

Axiom 1:   Jedem Ereignis läßt sich seine Wahrscheinlichkeit zuordnen. Wahrscheinlichkeiten sind nicht-negativ und können nicht größer als 1 sein.

Axiom 2:   Dem sicheren Ereignis wird die Wahrscheinlichkeit 1 zugeordnet.

Axiom 3: Sind Ereignisse paarweise disjunkt, so ist die Wahrscheinlichkeit ihrer mengentheoretischen Vereinigung gleich der Summe der individuellen Wahrscheinlichkeiten dieser Ereignisse.

**Lösung zu Aufgabe 6**

Da $A \cap \overline{A} = \emptyset$, können wir Axiom 3 anwenden und erhalten

$$P(A \cup \overline{A}) = P(A) + P(\overline{A}).$$

Da $A \cup \overline{A} = E$ erhalten wir wegen $P(E) = 1$ (Axiom 2)

$$1 = P(A) + P(\overline{A})$$

und daraus

$$P(\overline{A}) = 1 - P(A).$$

**Lösung zu Aufgabe 7**

$K_1$ = "Kopf beim 1. Wurf"  $\qquad W_1$ = "Wappen beim 1. Wurf"
$K_2$ = "Kopf beim 2. Wurf"  $\qquad W_2$ = "Wappen beim 2. Wurf"

a) $P(\text{beide "Kopf"}) = P(K_1 \cap K_2) = P(K_1) \cdot P(K_2) = 0{,}5 \cdot 0{,}5 = 0{,}25$ (aufgrund der Unabhängigkeit der Einzelwürfe.)

b) $P(K \cap W) = P(K_1 \cap W_2) + P(W_1 \cap K_2) = P(K_1) \cdot P(W_2) + P(W_1) \cdot P(K_2)$
$= 0{,}5 \cdot 0{,}5 + 0{,}5 \cdot 0{,}5 = 0{,}25 + 0{,}25 = 0{,}5.$

c) $P(\text{beide "Wappen"}) = P(W_1 \cap W_2) = P(W_1) \cdot P(W_2) = 0{,}5 \cdot 0{,}5 = 0{,}25.$

**Lösung zu Aufgabe 8**

R = rote Kugel
B = blaue Kugel
W = weiße Kugel
K = Kugel mit Kreuz
$\overline{K}$ = Kugel ohne Kreuz

a) $P(W) = 3/20 + 3/20 = 6/20 = 3/10$.

b) $P(K) = 4/20 + 3/20 + 3/20 = 10/20 = 1/2$.

c) $P(B \cap K) + P(W \cap \overline{K}) = 3/20 + 3/20 = 3/10$.

d) $P(R \cup K) = P(R \cap K) + P(R \cap \overline{K}) + P(B \cap K) + P(W \cap K)$
$= 4/20 + 5/20 + 3/20 + 3/20$
$= 3/4$.

e) $P(K|B) = \dfrac{P(K \cap B)}{P(B)} = \dfrac{\frac{3}{20}}{\frac{5}{20}} = \dfrac{3}{5}$.

f) $P(R|K) = \dfrac{P(R \cap K)}{P(K)} = \dfrac{\frac{4}{20}}{\frac{10}{20}} = \dfrac{4}{10} = \dfrac{2}{5}$.

**Lösung zu Aufgabe 9**

G = grüne Kugel
B = blaue Kugel
I = 1. Hälfte
II = 2. Hälfte

a) $P(G) = \dfrac{1}{2} \cdot \dfrac{6}{10} + \dfrac{1}{2} \cdot \dfrac{5}{8} = \dfrac{3}{10} + \dfrac{5}{16} = \dfrac{24 + 25}{80} = \dfrac{49}{80}$,

b) $P(G_{II}) = \dfrac{5}{8}$,   c) $P(I) = \dfrac{10}{18} = \dfrac{5}{9}$,

d) $P(G) = \dfrac{10}{18} \cdot \dfrac{6}{10} + \dfrac{8}{18} \cdot \dfrac{5}{8} = \dfrac{1}{3} + \dfrac{5}{18} = \dfrac{11}{18}$,

e) $P(B) = \dfrac{7}{18}$.


**Lösung zu Aufgabe 10**

$R_1$ = rote Kugel bei der 1. Ziehung.

$R_2$ = rote Kugel bei der 2. Ziehung.

$G_1$ = grüne Kugel bei der 1 Ziehung.

$G_2$ = grüne Kugel bei der 2. Ziehung.

Da "Ziehen ohne Zurücklegen" vorliegt, enthält die Urne vor der 1. Ziehung 10 Kugeln (6 rote und 4 grüne Kugeln) und vor der 2. Ziehung nur noch 9 Kugeln.

a)  $P(R_1 \cap G_2) = P(R_1) \cdot P(G_2) = \dfrac{6}{10} \cdot \dfrac{4}{9} = \dfrac{4}{15}$.

b)  Außer der in a) beschriebenen Situation ist jetzt noch die Situation zu berücksichtigen, daß zuerst eine grüne Kugel gezogen wird und sodann eine rote Kugel.

$P(R \cap G) = P(R_1 \cap G_2) + P(G_1 \cap R_2) = P(R_1) \cdot P(G_2) + P(G_1) \cdot P(R_2)$

$= \dfrac{4}{15} + \dfrac{4}{10} \cdot \dfrac{6}{9} = \dfrac{8}{15}$.

**Lösung zu Aufgabe 11**

Da zwei verschiedene Personen aufräumen sollen, liegt "Ziehen ohne Zurücklegen" vor. 6 Personen stehen zur Auswahl: U (Udo), S (Susi) und A, B, C, D (die 4 Freunde).

$U_1$ = Udo wird bei der 1. Ziehung gelost.

$U_2$ = Udo wird bei der 2. Ziehung gelost.

$\overline{U}_1$ = Udo wird bei der 1. Ziehung nicht gelost.

$\overline{U}_2$ = Udo wird bei der 2. Ziehung nicht gelost.

$S_1$ = Susi wird bei der 1. Ziehung gelost.

$S_2$ = Susi wird bei der 2. Ziehung gelost.

a) Wird Udo gelost, so müssen zwei Situationen unterschieden werden:
   (1) Entweder wird Udo in zwei Ziehungen bei der 1. Ziehung (und dann mit Sicherheit nicht bei der 2. Ziehung) gelost oder
   (2) Udo wird in zwei Ziehungen bei der 1. Ziehung nicht und somit bei der 2. Ziehung gelost.

Demnach gilt:

$$P(U) = P(U_1 \cap \overline{U}_2) + P(\overline{U}_1 \cap U_2) = \frac{1}{6} \cdot \frac{5}{5} + \frac{5}{6} \cdot \frac{1}{5} = \frac{1}{6} + \frac{1}{6} = \frac{1}{3}.$$

b) Werden Udo und Susi gelost, so sind ebenfalls zwei Situationen zu unterscheiden:
   (1) Entweder wird Udo zuerst gelost und dann Susi oder
   (2) Susi wird zuerst gelost und dann Udo.

Demnach gilt:

$$P(U \cap S) = P(U_1 \cap S_2) + P(S_1 \cap U_2) = \frac{1}{6} \cdot \frac{1}{5} + \frac{1}{6} \cdot \frac{1}{5} = \frac{1}{30} + \frac{1}{30} = \frac{1}{15}.$$

**Lösung zu Aufgabe 12**

Es gibt bei n = 3 Paaren genau 3! = 6 Arten von je 3 Zweiermannschaften,

1. Aa, Bb, Cc      2. Aa, Bc, Cb      3. Ab, Ba, Cc
4. Ab, Bc, Ca      5. Ac, Ba, Cb      6. Ac, Bb, Ca

Nur in der 4. und 5. Mannschaftsbildung ist die Bedingung erfüllt, daß keine der Frauen mit ihrem Ehemann in der gleichen Mannschaft ist. Die gesuchte Wahrscheinlichkeit ist daher gleich 2/6 = 1/3.

**Lösung zu Aufgabe 13**

Die Wahrscheinlichkeit, daß eine Kugel in ein bestimmtes Fach von 5 Fächern fällt, ist 1/5. Die Wahrscheinlichkeit, daß beide Kugeln in ein bestimmtes Fach von fünf Fächern fallen, ist aufgrund der Unabhängigkeit der beiden Würfe zu bestimmen als $1/5 \cdot 1/5 = 1/25$. Die Wahrscheinlichkeit, daß beide Kugeln zusammen in ein beliebiges der fünf Fächer zu liegen kommen, ist damit fünfmal grösser, also $5/25 = 1/5$. Man kann sich dies auch mit einem zweidimensionalen Ereignisraum klarmachen, in dem 5 von 25 Punkten Ereignissen entsprechen, die sowohl beim ersten wie beim zweiten Wurf zum gleichen Fach (1, ..., 5) führen.

Gesucht ist die komplementäre Wahrscheinlichkeit, daß die Kugeln nicht im gleichen Fach zu liegen kommen. Es ergibt sich also die gesuchte Wahrscheinlichkeit als $1 - 1/5 = 4/5$.

**Lösung zu Aufgabe 14**

a) $P(\text{"Kugeln im gleichen Fach"}) = P(A_1, B_1, C_1) + P(A_2, B_2, C_2) + P(A_3, B_3, C_3)$
$= 1/27 + 1/27 + 1/27 = 1/9,$

da jede der 3 Situationen sich mit Wahrscheinlichkeit $(1/3)^3 = 1/27$ ereignet bei 3 unabhängigen Würfen mit Einzelwahrscheinlichkeit $1/3$ für jeden Wurf in eines der 3 Fächer. Die Situation $A_1$, $B_1$, $C_1$ bedeutet also, daß die Kugeln A, B und C in Fach 1 geworfen wurden.

b) P("Nur eine Kugel im Fach") $= P(A_1, B_2, C_3) + P(A_1, B_3, C_2)$
$+ P(A_2, B_1, C_3) + P(A_2, B_3, C_1)$
$+ P(A_3, B_1, C_2) * P(A_3, B_2, C_1)$
$= \dfrac{6}{27} = \dfrac{2}{9}$.

c) Da dieses die restlichen denkbaren Situationen sind, gilt aufgrund der Komplementaritätsbeziehung

P("Genau 2 Kugeln im gleichen Fach") $= 1 - $ P("Kugeln im gleichen Fach")
$-$ P("Nur eine Kugel im Fach")
$= 1 - \dfrac{3}{27} - \dfrac{6}{27}$
$= \dfrac{18}{27} = \dfrac{2}{3}$.

**Lösung zu Aufgabe 15**

Die vier Mengen sind disjunkt und schöpfen den Ereignisraum aus. Somit gilt: $a_1 + a_2 + a_3 + a_4 = n(E)$, wobei $n(E)$ die Anzahl der Elemente des Ereignisraums E angibt.

Vereinigt man die Mengen $A \cap B$ und $A \cap \overline{B}$, so erhält man die Menge A, so daß gilt: $a_1 + a_2 = n(A)$, wobei $n(A)$ die Anzahl der Elemente von A bezeichnet.

Entsprechend liefert die mengentheoretische Vereinigung der Mengen $A \cap B$ mit $\overline{A} \cap B$ die Menge B. Es gilt dann: $a_1 + a_3 = n(B)$, wobei $n(B)$ die Anzahl der Elemente von B angibt.

Für die Wahrscheinlichkeiten erhalten wir damit:

$$P(A) = \frac{n(A)}{n(E)} = \frac{a_1 + a_2}{a_1 + a_2 + a_3 + a_4},$$

$$P(B) = \frac{n(B)}{n(E)} = \frac{a_1 + a_3}{a_1 + a_2 + a_3 + a_4},$$

$$P(A \cap B) = \frac{n(A \cap B)}{n(E)} = \frac{a_1}{a_1 + a_2 + a_3 + a_4}$$

und für die bedingte Wahrscheinlichkeit

$$P(A|B) = \frac{P(A \cap B)}{P(B)} = \frac{\frac{a_1}{a_1 + a_2 + a_3 + a_4}}{\frac{a_1 + a_3}{a_1 + a_2 + a_3 + a_4}} = \frac{a_1}{a_1 + a_3}.$$

Eine Bedingung für Unabhängigkeit lautet, daß

$$P(A) = P(A|B),$$

d.h. daß die unbedingte Wahrscheinlichkeit für das Ereignis A übereinstimmt mit der bedingten Wahrscheinlichkeit für das Ereignis A unter der Bedingung B. Mit anderen Worten ist es dann gleichgültig, ob B sich realisiert oder nicht.

Mit den obigen Ergebnissen bedeutet dann Unabhängigkeit, daß

$$\frac{a_1 + a_2}{a_1 + a_2 + a_3 + a_4} = \frac{a_1}{a_1 + a_3}.$$

Mithin folgt

$$(a_1 + a_2) \cdot (a_1 + a_3) = a_1 \cdot (a_1 + a_2 + a_3 + a_4)$$

oder

$$a_1^2 + a_1 \cdot a_3 + a_1 \cdot a_2 + a_2 \cdot a_3 = a_1^2 + a_1 \cdot a_2 + a_1 \cdot a_3 + a_1 \cdot a_4$$

und somit gilt Unabhängigkeit für die Ereignisse A und B nur dann, wenn

$$a_2 \cdot a_3 = a_1 \cdot a_4 \ .$$

**Lösung zu Aufgabe 16**

Mit der nachfolgenden Tabelle lassen sich die gemeinsamen und marginalen Wahrscheinlichkeiten bestimmen:

| $p_{i,j}$ | WETTER gut($W_g$) | schlecht($W_s$) | P(SPORT) |
|---|---|---|---|
| Fußball (F) | 0 | 1/3 | 1/3 |
| Schwimmen (S) | 1/3 | 0 | 1/3 |
| Tennis (T) | 1/6 | 1/6 | 1/3 |
| P(WETTER) | 1/2 | 1/2 | 1 |

Es soll kurz beschrieben werden, wie man diese Tabelle erstellen kann:

Die Randwahrscheinlichkeiten (marginalen Wahrscheinlichkeiten) der Tabelle ergeben sich aus der Angabe, daß beim Wetter wie bei den Sportarten von einer Gleichverteilung auszugehen ist (beim Wetter mit 2, bei den Sportarten mit 3 Modalitäten). Weiter erhalten wir mit der Angabe, daß der Student unter der Bedingung guten Wetters mit Wahrscheinlichkeit 1/3 Tennis spielt

$$P(T|W_g) = \frac{1}{3} = \frac{P(T \cap W_g)}{P(W_g)}$$

wegen $P(W_g) = \frac{1}{2}$ die gemeinsame Wahrscheinlichkeit $P(T \cap W_g) = \frac{1}{3} \cdot \frac{1}{2} = \frac{1}{6}$, die als $p_{31} = \frac{1}{6}$ in der Tabelle an der Position 3,1 eingetragen wird.

Da die Zeilensumme 1/3 ergeben muß, folgt, daß auch $p_{32} = 1/6$.

Die angegebene bedingte Wahrscheinlichkeit $P(S|W_s) = 0$ bedeutet, daß dann auch $P(S \cap W_s) = 0$, was als $p_{22} = 0$ in der Tabelle eingetragen wird.

Da die Zeilensumme 1/3 ergeben muß, folgt, daß $p_{12} = 1/3$.

Da die Spaltensummen 1/2 ergeben müssen, sind $p_{11} = 0$ und $p_{12} = 1/3$.

Mit Hilfe der Tabelle erhalten wir die fehlenden 4 bedingten Wahrscheinlichkeiten als

$$P(F|W_s) = \frac{P(F \cap W_s)}{P(W_s)} = \frac{\frac{1}{3}}{\frac{1}{2}} = \frac{2}{3},$$

$$P(S|W_g) = \frac{P(S \cap W_g)}{P(W_g)} = \frac{\frac{1}{3}}{\frac{1}{2}} = \frac{2}{3},$$

$$P(T|W_s) = \frac{P(T \cap W_s)}{P(W_s)} = \frac{\frac{1}{6}}{\frac{1}{2}} = \frac{1}{3}$$

und

$$P(F|W_g) = \frac{P(F \cap W_g)}{P(W_g)} = \frac{0}{\frac{1}{2}} = 0.$$

**Lösung zu Aufgabe 17**

W = Der Wächter entdeckt den Brand nicht zu spät.
F = Der Feuermelder funktioniert.

Aufgrund der Komplementaritäten gilt für die Wahrscheinlichkeiten

P(W) = 1 − 0,03 = 0,97,
P(F) = 1 − 0,002 = 0,998.

Die Wahrscheinlichkeit des gemeinsamen Auftretens dieser Ereignisse ergibt sich wegen der Unabhängigkeit der Ereignisse als

P(W ∩ F) = P(W) · P(F) = 0,97 · 0,998 = 0,96806.

**Lösung zu Aufgabe 18**

X bezeichne die Anzahl der ausfallenden Maschinen.

a)   P(X = 0) = 0,8 · 0,9 = 0,72.

b)  $P(X \geq 1) = 1 - P(X = 0) = 1 - 0{,}72 = 0{,}24.$

c)  $P(X = 2) = 0{,}2 \cdot 0{,}1 = 0{,}02.$

d)  $P(X = 1) = 0{,}2 \cdot 0{,}9 + 0{,}8 \cdot 0{,}1 = 0{,}18 + 0{,}08 = 0{,}26.$

**Lösung zu Augabe 19**

$O$ = Oberteil weist keinen Fehler auf,
$\overline{O}$ = Oberteil weist Fehler auf,
$S$ = Sohle weist keinen Fehler auf,
$\overline{S}$ = Sohle weist Fehler auf,
$A$ = Absatz weist keinen Fehler auf,
$\overline{A}$ = Absatz weist Fehler auf.

Wegen der Komplementaritäten gilt

$P(O) = 1 - 0{,}05 = 0{,}95$
$P(S) = 1 - 0{,}1 = 0{,}9$
$P(A) = 1 - 0{,}02 = 0{,}98.$

Aufgrund der Unabhängigkeit der Ereignisse gilt

a)  $P(\text{"Keine Fehler"}) = P(O \cap S \cap A) = P(O) \cdot P(S) \cdot P(A)$
$= 0{,}95 \cdot 0{,}9 \cdot 0{,}98 = 0{,}8379.$

b)  $P(\text{"Mehr als ein Fehler"}) = 1 - P(\text{"Keine Fehler"}) - P(\text{"Ein Fehler"}).$

Da $P(\text{"Ein Fehler"}) = P(\overline{O} \cap S \cap A) + P(O \cap \overline{S} \cap A) + P(O \cap S \cap \overline{A})$
$= 0{,}05 \cdot 0{,}9 \cdot 0{,}98 + 0{,}95 \cdot 0{,}1 \cdot 0{,}98 + 0{,}95 \cdot 0{,}9 \cdot 0{,}02.$
$= 0{,}0441 + 0{,}0931 + 0{,}0171 = 0{,}1543$

erhalten wir für

P("Mehr als ein Fehler") = 1 − 0,8379 − 0,1543 = 0,0078.

Natürlich kann man auch berechnen

P("Mehr als ein Fehler") = P("2 Fehler") + P("3 Fehler") mit

P("2 Fehler") = 0,05 · 0,1 · 0,98 + 0,05 · 0,9 · 0,02 + 0,95 · 0,1 · 0,02
$$= 0{,}0049 + 0{,}0009 + 0{,}0019 = 0{,}0077 \text{ und}$$

P("3 Fehler") = 0,05 · 0,1 · 0,02 = 0,0001.

c) Wie schon in b) berechnet, ist

P("1 Fehler") = 0,1543.

**Lösung zu Aufgabe 20**

Im aus den beiden Würfen gebildeten zweidimensionalen Ereignisraum gibt es 36 Punkte, so daß jedes geordnete Paar von Augenzahlen die Wahrscheinlichkeit 1/36 hat.

X messe die Summe der Augenzahlen. Dann erhält man

a) $P(X > 9)$ = $P(X = 10) + P(X = 11) + P(X = 12)$
$= P(6_I, 4_{II}) + P(5_I, 5_{II}) + P(4_I, 6_{II})$
$+ P(6_I, 5_{II}) + P(5_I, 6_{II})$
$+ P(6_I, 6_{II})$
$= 6/36 = 1/6.$

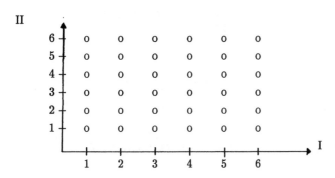

Zweidimensionaler Ereignisraum für das Werfen zweier Würfel

b)  Y messe den Absolutwert der Differenz der Augenzahlen. Somit ist

$$P(Y = 1) = P(6_I, 5_{II}) + P(5_I, 4_{II}) + P(4_I, 3_{II}) + P(3_I, 2_{II}) + P(2_I, 1_{II})$$
$$+ P(5_I, 6_{II}) + P(4_I, 5_{II}) + P(3_I, 4_{II}) + P(2_I, 3_{II}) + P(1_I, 2_{II})$$
$$= 10/36 = 5/18.$$

c)  $P(Y \geq 2) \quad = 1 - P(Y = 0) - P(Y = 1)$
$\qquad\qquad\qquad = 1 - 6/36 - 10/36 = 1 - 16/36 = 20/36 = 5/9,$

denn $P(Y = 0) = 6/36 = 1/6$, da es 6 Paare von übereinstimmenden Augenzahlen gibt: $(1_I, 1_{II}), ..., (6_I, 6_{II})$.

## Lösung zu Aufgabe 21

a)  $P(\text{"arbeitslos"}) = \dfrac{700\,000}{14\,000\,000} = \dfrac{1}{20}.$

b)  $P(\text{"Akademiker"}) = \dfrac{400\,000}{14\,000\,000} = \dfrac{1}{35}.$

c) $P(\text{"arbeitslos"}|\text{"Akademiker"}) = \dfrac{P(\text{"arbeitsl. Akademiker"})}{P(\text{"Akademiker"})}$

$= \dfrac{\dfrac{100\ 000}{14\ 000\ 000}}{\dfrac{400\ 000}{14\ 000\ 000}}$

$= \dfrac{100\ 000}{400\ 000} = \dfrac{1}{4}.$

d) $P(\text{"Akademiker"}|\text{"Arbeitsloser"}) = \dfrac{P(\text{"arbeitsl. Akademiker"})}{P(\text{"arbeitslos"})}$

$= \dfrac{\dfrac{100\ 000}{14\ 000\ 000}}{\dfrac{700\ 000}{14\ 000\ 000}}$

$= \dfrac{100\ 000}{700\ 000} = \dfrac{1}{7}.$

e) In den Fragestellungen a) und b) bildeten die 14 Millionen Einwohner des Landes Y den Ereignisraum.

In den Fragestellungen c) und d) handelt es sich um bedingte Wahrscheinlichkeiten. Der neu gebildete Ereignisraum der Fragestellung c) ist der von den 400 000 Akademikern gebildete Ereignisraum. Der neu gebildete Ereignisraum der Fragestellung d) ist der von den 700 000 Arbeitslosen gebildete Ereignisraum.

**Lösung zu Aufgabe 22**

A) a) $P(\text{"4, 4, 4"}) = \dfrac{1}{6} \cdot \dfrac{1}{6} \cdot \dfrac{1}{6} = \dfrac{1}{216}.$

b) $\text{P(Paar von "4")} = \frac{1}{6} \cdot \frac{1}{6} \cdot \frac{5}{6} + \frac{1}{6} \cdot \frac{5}{6} \cdot \frac{1}{6} + \frac{5}{6} \cdot \frac{1}{6} \cdot \frac{1}{6}$

$$= \frac{15}{216} = \frac{5}{72}.$$

c) $\text{P(einmal "4")} = \frac{1}{6} \cdot \frac{5}{6} \cdot \frac{5}{6} + \frac{5}{6} \cdot \frac{1}{6} \cdot \frac{5}{6} + \frac{5}{6} \cdot \frac{5}{6} \cdot \frac{1}{6}$

$$= \frac{75}{216} = \frac{25}{72}.$$

d) $\text{P(keine "4")} = \frac{5}{6} \cdot \frac{5}{6} \cdot \frac{5}{6} = \frac{125}{216}.$

B) a) Da es 6 Augenzahlen gibt, folgt mit Aa)

$$\text{P("Drilling")} = 6 \cdot \frac{1}{216} = \frac{1}{36}.$$

b) Da es 6 Augenzahlen gibt, folgt mit Ab)

$$\text{P("Paar")} = 6 \cdot \frac{15}{216} = \frac{5}{12}.$$

**Lösung zu Aufgabe 23**

a) $P(Z) = \frac{1}{2} \cdot \frac{1}{1} + \frac{1}{2} \cdot \frac{49}{99} = \frac{148}{198} = \frac{79}{99}.$

Dies ist die größte Chance für Herrn Kim, eine Zuchtperle zu erwischen, d.h. in eine Vase legt Frau Kim nur eine Zuchtperle und in die andere Vase legt sie die restlichen 49 Zuchtperlen zusammen mit den 50 Naturperlen. Jeweils mit Wahrscheinlichkeit 1/2 wählt Herr Kim eine der beiden Vasen aus und entnimmt dann unabhängig von dieser Wahl eine Perle.

b) $P(Z) = \frac{1}{2} \cdot \frac{0}{1} + \frac{1}{2} \cdot \frac{50}{99} = \frac{25}{99}.$

Dies ist die kleinste Chance für Herrn Kim, eine Zuchtperle zu erwischen, d.h. in eine Vase legt Frau Kim nur eine Naturperle und in die andere Vase legt sie die restlichen 49 Naturperlen zusammen mit den 50 Zuchtperlen. (Dürfte Frau Kim alle Perlen in eine Vase legen, wären die Chancen von Herrn Kim mit $P(Z) = \frac{1}{2} \cdot 0 + \frac{1}{2} \cdot \frac{50}{100} = \frac{25}{100} = \frac{1}{4}$ noch kleiner.)

**Lösung zu Aufgabe 24**

L = Annonce wird gelesen.

K = Gegenstand wird gekauft.

$\overline{L}$ = Annonce wird nicht gelesen.

$\overline{K}$ = Gegenstand wird nicht gekauft.

Wegen $P(L) = 0{,}03$ ist $P(\overline{L}) = 1 - 0{,}03 = 0{,}97$. Weiter wissen wir, daß $P(\overline{K}|L) = 0{,}998$ und $P(\overline{K}|\overline{L}) = 0{,}999$. Somit ergibt sich die Aufteilung

$P(\overline{K}) = P(\overline{K} \cap L) + P(\overline{K} \cap \overline{L})$
$\phantom{P(\overline{K})} = P(\overline{K}|L) \cdot P(L) + P(\overline{K}|\overline{L}) \cdot P(\overline{L})$
$\phantom{P(\overline{K})} = 0{,}998 \cdot 0{,}03 + 0{,}999 \cdot 0{,}97$
$\phantom{P(\overline{K})} = 0{,}02994 + 0{,}96903$
$\phantom{P(\overline{K})} = 0{,}99897.$

**Lösung zu Aufgabe 25**

$R_1$ = rote Socke bei 1. Ziehung

$R_2$ = rote Socke bei 2. Ziehung

$B_1$ = blaue Socke bei 1. Ziehung

$B_2$ = blaue Socke bei 2. Ziehung
$G_1$ = grüne Socke bei 1. Ziehung
$G_2$ = grüne Socke bei 2. Ziehung

Es liegt "Ziehen ohne Zurücklegen" vor.

a) $\quad$ P("gleichfarbig") = $P(R_1 \cap R_2) + P(B_1 \cap B_2) + P(G_1 \cap G_2)$
$\qquad\qquad\qquad\qquad = P(R_1) \cdot P(R_2) + P(B_1) \cdot P(B_2) + P(G_1) \cdot P(G_2)$

$$= \frac{6}{12} \cdot \frac{5}{11} + \frac{4}{12} \cdot \frac{3}{11} + \frac{2}{12} \cdot \frac{1}{11}$$

$$= \frac{30 + 12 + 2}{132} = \frac{44}{132} = \frac{1}{3}$$

b) $\quad$ P("rotes Paar"|"gleichfarbig") $= \dfrac{P(\text{"rotes Paar"})}{P(\text{"gleichfarbig"})}$

$$= \frac{P(R_1 \cap R_2)}{P(\text{"gleichfarbig"})}$$

$$= \frac{\frac{30}{132}}{\frac{44}{132}} = \frac{30}{44} = \frac{15}{22}$$

**Lösung zu Aufgabe 26**

Ü = Übergröße
W = weißer Pullover
Pu = Pullover

a) $P(Ü) = \dfrac{1}{100}$

b) $P(W) = \dfrac{5}{100} = \dfrac{1}{20}$

c) $P(Pu) = \dfrac{10}{100} = \dfrac{1}{10}$

d) $P(Ü|W) = \dfrac{P(Ü \cap W)}{P(W)} = \dfrac{P(Ü)}{P(W)} = \dfrac{\frac{1}{100}}{\frac{5}{100}} = \dfrac{1}{5}$

**Lösung zu Aufgabe 27**

a) $P(X) = \dfrac{12}{20} = \dfrac{3}{5}$

b) $P(Y) = \dfrac{8}{20} = \dfrac{2}{5}$

c) $P(G) = \dfrac{11}{20}$

d) $P(R) = \dfrac{9}{20}$

e) $P(X|G) = \dfrac{P(X \cap G)}{P(G)} = \dfrac{\frac{8}{20}}{\frac{11}{20}} = \dfrac{8}{11}$

f) $P(R|Y) = \dfrac{P(R \cap Y)}{P(Y)} = \dfrac{\frac{5}{20}}{\frac{8}{20}} = \dfrac{5}{8}$

**Lösung zu Aufgabe 28**

Es handelt sich um eine Bernoullifolge, d.h. eine Folge von identisch und unabhängig verteilten Einzelversuchen mit Bernoulliparameter $p = 1/2$ (Erfolgswahrscheinlichkeit im Einzelversuch).

A) a) Beim Punktestand 2 : 0 für Spieler A gewinnt dieser die nächste (3.) Spielrunde und damit das Spiel mit folgender Wahrscheinlichkeit

$$P(\text{Sieg A in 3. Runde}) = p = 1/2.$$

b) Spieler B gewinnt das Spiel (nach 3 weiteren gewonnenen Spielrunden in der 5. Spielrunde) mit Wahrscheinlichkeit

$$P(\text{Sieg B}) = \frac{1}{2} \cdot \frac{1}{2} \cdot \frac{1}{2} = \frac{1}{8}.$$

B) Insgesamt errechnet sich für Spieler A die Wahrscheinlichkeit, das Spiel zu gewinnen, als

$$P(\text{Sieg A}) = P(\text{Sieg A in 3. Runde}) + P(\text{Sieg A in 4. Runde})$$
$$+ P(\text{Sieg A in 5. Runde})$$
$$= \frac{1}{2} + \frac{1}{2} \cdot \frac{1}{2} + \frac{1}{2} \cdot \frac{1}{2} \cdot \frac{1}{2}$$
$$= \frac{1}{2} + \frac{1}{4} + \frac{1}{8} = \frac{7}{8}.$$

Der bisherige Spieleinsatz (DM 64) ist im Verhältnis der Gewinnchancen der beiden Spieler, d.h. im Verhältnis

$$P(\text{Sieg A}) : P(\text{Sieg B}) = \frac{7}{8} : \frac{1}{8} = 7 : 1$$

aufzuteilen, d.h. A erhält $\frac{7}{8} \cdot 64 \text{ DM} = 56 \text{ DM}$ und B erhält $\frac{1}{8} \cdot 64 \text{ DM} = 8 \text{ DM}$ bei Spielabbruch zum Punktestand 2 : 0 für Spieler A.

## Lösung zu Aufgabe 29

Wenn wir die Zeilen- und Spaltensummen bilden, erhalten wir

| $a_{ij}$ | $B_1$ | $B_2$ | $B_3$ | $B_4$ | $\Sigma$ |
|---|---|---|---|---|---|
| $A_1$ | 6 | 3 | 9 | 4 | 22 |
| $A_2$ | 0 | 8 | 7 | 2 | 17 |
| $A_3$ | 3 | 4 | 6 | 1 | 14 |
| $\Sigma$ | 9 | 15 | 22 | 7 | 53 |

Somit ergeben sich die marginalen Wahrscheinlichkeiten (Randwahrscheinlichkeiten)

$P(A_1) = \frac{22}{53}$, $P(A_2) = \frac{17}{53}$, $P(A_3) = \frac{14}{53}$,

$P(B_1) = \frac{9}{53}$, $P(B_2) = \frac{15}{53}$, $P(B_3) = \frac{22}{53}$, $P(B_4) = \frac{7}{53}$.

## Lösung zu Aufgabe 30

G = Goldmünze, S = Silbermünze
1 = 1. Schrank, 2 = 2. Schrank, 3 = 3. Schrank

Nach dem Theorem von Bayes gilt

$$P(3|G) = \frac{P(G|3) \cdot P(3)}{P(G|1) \cdot P(1) + P(G|2) \cdot P(2) + P(G|3) \cdot P(3)}$$

Somit ist

$$P(3|G) = \frac{\frac{1}{2} \cdot \frac{1}{3}}{1 \cdot \frac{1}{3} + 0 \cdot \frac{1}{3} + \frac{1}{2} \cdot \frac{1}{3}}$$

$$= \frac{\frac{1}{6}}{\frac{1}{3} + \frac{1}{6}} = \frac{\frac{1}{6}}{\frac{1}{2}}$$

$$= \frac{1}{3}.$$

**Lösung zu Aufgabe 31**

F = Angler hat etwas gefangen

Nach dem Theorem von Bayes erhalten wir

$$P(B|F) = \frac{P(F|B) \cdot P(B)}{P(F|A) \cdot P(A) + P(F|B) \cdot P(B) + P(F|C) \cdot P(C)}$$

$$= \frac{\frac{3}{4} \cdot \frac{1}{3}}{\frac{2}{3} \cdot \frac{1}{3} + \frac{3}{4} \cdot \frac{1}{3} + \frac{4}{5} \cdot \frac{1}{3}}$$

$$= \frac{\frac{1}{4}}{\frac{2}{9} + \frac{1}{4} + \frac{4}{15}} = \frac{\frac{1}{4}}{\frac{40 + 45 + 48}{180}} = \frac{\frac{45}{180}}{\frac{133}{180}} = \frac{45}{133}.$$

**Lösung zu Aufgabe 32**

D = defekte Glühbirne

Mit dem Theorem von Bayes gilt

$$P(C|D) = \frac{P(D|C) \cdot P(C)}{P(D|A) \cdot P(A) + P(D|B) \cdot P(B) + P(D|C) \cdot P(C)}$$

$$= \frac{\frac{1}{100} \cdot \frac{60}{100}}{\frac{5}{100} \cdot \frac{30}{100} + \frac{2}{100} \cdot \frac{10}{100} + \frac{1}{100} \cdot \frac{60}{100}}$$

$$= \frac{\frac{60}{10000}}{\frac{150 + 20 + 60}{10000}} = \frac{60}{230} = \frac{6}{23}.$$

**Lösung zu Aufgabe 33**

Z = zerbrochenes Geschirr
A = Annbritt, B = Bini, C = Carmen

Mit dem Theorem von Bayes errechnet sich

$$P(C|Z) = \frac{P(Z|C) \cdot P(C)}{P(Z|A) \cdot P(A) + P(Z|B) \cdot P(B) + P(Z|C) \cdot P(C)}$$

Somit ist

$$P(C|Z) = \frac{\frac{1}{20} \cdot \frac{3}{7}}{\frac{1}{30} \cdot \frac{1}{7} + \frac{1}{30} \cdot \frac{3}{7} + \frac{1}{20} \cdot \frac{3}{7}} = \frac{\frac{9}{420}}{\frac{2+6+9}{420}}$$

$$= \frac{9}{17}$$

**Lösung zu Aufgabe 34**

R = positive Reaktion
L = Krankheit K liegt vor
$\overline{L}$ = Krankheit K liegt nicht vor

Die gesuchte bedingte Wahrscheinlichkeit ergibt sich nach Bayes als

$$P(L|R) = \frac{P(R|L) \cdot P(L)}{P(R|L) \cdot P(L) + P(R|\overline{L}) \cdot P(\overline{L})}$$

$$= \frac{\frac{1050}{1500} \cdot 0,05}{\frac{1050}{1500} \cdot 0,05 + \frac{180}{2000} \cdot 0,95}$$

$$= \frac{0,7 \cdot 0,05}{0,7 \cdot 0,05 + 0,09 \cdot 0,95} = \frac{0,035}{0,1205}$$

$$= \frac{70}{241}$$

**Lösung zu Aufgabe 35**

Die Lösung erfolgt nach dem Theorem von Bayes mit den Ereignissen

$A_1$ = die ausgewählte Münze ist die mit den beiden Köpfen
$A_2$ = die ausgewählte Münze hat Zahl und Wappen
$B$ = es erscheint viermal Kopf

$$P(A_1|B) = \frac{P(B|A_1) \cdot P(A_1)}{P(B|A_1) \cdot P(A_1) + P(B|A_2) \cdot P(A_2)}$$

$$= \frac{1 \cdot \frac{1}{81}}{1 \cdot \frac{1}{81} + \frac{1}{16} \cdot \frac{80}{81}}$$

$$= \frac{\frac{1}{81}}{\frac{1+5}{81}} = \frac{1}{6},$$

denn mit der falschen Münze erscheint mit Sicherheit bei jedem der 4 Würfe Kopf, während für eine "normale" Münze die Wahrscheinlichkeit, daß in 4 Würfen jedesmal Kopf erscheint, gleich $(1/2)^4 = 1/16$ ist.

**Lösung zu Aufgabe 36**

a)  Aus den Angaben folgt, daß $P(\overline{F}) = 0{,}001$, $P(F) = 0{,}999$, $P(D|\overline{F}) = 0{,}9$ und $P(D|F) = 0{,}01$.

Nach dem Theorem von Bayes gilt

$$P(\overline{F}|D) = \frac{P(D|\overline{F}) \cdot P(\overline{F})}{P(D|\overline{F}) \cdot P(\overline{F}) + P(D|F) \cdot P(F)}$$

Somit erhalten wir

$$P(\overline{F}|D) = \frac{0,9 \cdot 0,001}{0,9 \cdot 0,001 + 0,01 \cdot 0,999}$$

$$= \frac{0,0009}{0,01089} \cong 0,0826.$$

Mit einer Wahrscheinlichkeit von rd. 8,3% wird der als defekt bezeichnete Scheibenwischer nicht funktionieren.

b) Da nach dem Satz von der totalen Wahrscheinlichkeit für die komplementäre Wahrscheinlichkeit gilt

$$P(F|D) = 1 - P(\overline{F}|D) \cong 0,9174,$$

wird mit einer Wahrscheinlichkeit von rd. 91,7% der als defekt bezeichnete Scheibenwischer funktionieren.

**Lösung zu Aufgabe 37**

Mit der Verteilungsfunktion $F(x)$ wird die Wahrscheinlichkeit angegeben, daß die Zufallsvariable X Werte annimmt, die die Realisationsschranke x nicht überschreiten, d.h. es gilt $F(x) = P(X \leq x)$. Die Verteilungsfunktion besitzt folgende Eigenschaften:

1. $0 \leq F(x) \leq 1$ für alle $x \in \mathbb{R}$.
2. $\lim_{x \to -\infty} F(x) = 0.$
3. $\lim_{x \to \infty} F(x) = 1.$
4. $F(x)$ ist monoton nicht-fallend.

5. $F(x)$ ist rechtsseitig stetig.

**Lösung zu Aufgabe 38**

Für eine <u>diskrete</u> Zufallsvariable X gibt die Wahrscheinlichkeitsverteilung an, mit welcher Wahrscheinlichkeit $p_i$ (i=1, ..., n) die Zufallsvariable X die Modalitäten $x_i$ annimmt, wenn n Modalitäten zur Verfügung stehen. Die Werte der Verteilungsfunktion F(x) erhält man aus der Wahrscheinlichkeitsverteilung durch Summieren bis zur Schranke x. Umgekehrt lassen sich die $p_i$ aus dem Graphen der Verteilungsfunktion F(x) als Sprunghöhen an den Unstetigkeitsstellen $x_i$ ablesen.

Für eine <u>stetige</u> Zufallsvariable X existiert eine Dichtefunktion f(x), mit deren Hilfe Wahrscheinlichkeiten bestimmt werden können als Integrale über diese Dichtefunktion. Die Werte der Verteilungsfunktion erhält man mit der Integration dieser Dichtefunktion bis zur Schranke x. Umgekehrt ist die Dichtefunktion f(x) die 1. Ableitung der Verteilungsfunktion F(x) nach x.

**Lösung zu Aufgabe 39**

1. Einmaliges Werfen eines Würfels mit den Realisationen 1, 2, 3, 4, 5, 6.
2. Einmaliges Werfen einer Münze mit den Realisationen "Kopf" und "Wappen".
3. Rißstelle einer 100 m langen Drachenschnur mit reellwertigen Realisationen aus dem Intervall von 0 bis 100 m.
4. Ergebnis der Lottoziehung "6 aus 49" mit den Realisationen der natürlichen Zahlen von 1 bis 49.
5. Ausprobieren eines Zahlenschlosses mit den Realisationen Erfolg (es öffnet sich) und Mißerfolg (es öffnet sich nicht).

**Lösung zu Aufgabe 40**

a) $\quad E(X) = 2 \cdot \frac{1}{8} + 3 \cdot \frac{1}{2} + 4 \cdot \frac{1}{4} + 6 \cdot \frac{1}{8} = 3{,}5.$

$$V(X) = (2-3{,}5)^2 \cdot \frac{1}{8} + (3-3{,}5)^2 \cdot \frac{1}{2} + (4-3{,}5)^2 \cdot \frac{1}{4} + (6-3{,}5)^2 \cdot \frac{1}{8}$$

$$= \frac{2{,}25}{8} + \frac{0{,}25}{2} + \frac{0{,}25}{4} + \frac{6{,}25}{8}$$

$$= \frac{2{,}25 + 1 + 0{,}5 + 6{,}25}{8}$$

$$= \frac{10}{8} = 1{,}25.$$

b) Für die standardisierte Zufallsvariable Y gilt

$$Y = \frac{X - 3{,}5}{\sqrt{1{,}25}},$$

wobei die Realisationen 2, 3, 4 und 6 für die Zufallsvariable X eingesetzt werden können, um die Realisationen der neuen Zufallsvariablen Y zu erhalten.

c)
$$F(x) = \begin{cases} 0 & \text{für } x < 2 \\ 1/8 & \text{für } 2 \leq x < 3 \\ 5/8 & \text{für } 3 \leq x < 4 \\ 7/8 & \text{für } 4 \leq x < 6 \\ 1 & \text{für } x \geq 6. \end{cases}$$

**Lösung zu Aufgabe 41**

$$F(x) = \begin{cases} 0 & \text{für } x \leq 0 \\ 2x/3 & \text{für } 0 < x \leq 1 \\ 2/3 & \text{für } 1 < x \leq 3 \\ x/3 - 1/3 & \text{für } 3 < x \leq 4 \\ 1 & \text{für } x > 4. \end{cases}$$

Im Intervall von 0 bis 1 erhält man den Wert der Verteilungsfunktion durch

$$F(x) = \int_0^x \frac{2}{3} \, ds = \left(\frac{2s}{3}\right)_0^x = \frac{2x}{3}.$$

Im Intervall von 1 bis 3 wird der Wert der Verteilungsfunktion an der Stelle x= 1, also F(1) = 2/3 beibehalten, weil die Dichtefunktion in diesem Intervall den Wert Null annimmt, d.h. keine neue Wahrscheinlichkeitsmasse in diesem Intervall hinzukommt.

Im Intervall von 3 bis 4 erhält man den Wert der Verteilungsfunktion durch

$$F(X) = \frac{2}{3} + \int_3^x \frac{1}{3} \, ds = \frac{2}{3} + \left(\frac{s}{3}\right)_3^x = \frac{2}{3} + \frac{x}{3} - 1 = \frac{x}{3} - \frac{1}{3}.$$

**Lösung zu Aufgabe 42**

a) $\quad E(X) = \int_{-2}^{0} 0{,}25(2+x)x \, dx + \int_{0}^{2} 0{,}25(2-x)x \, dx$

$\qquad = 0{,}25 \cdot \int_{-2}^{0} (2x+x^2) \, dx + 0{,}25 \cdot \int_{0}^{2} (2x-x^2) \, dx$

$\qquad = 0{,}25 \cdot \left(x^2 + \frac{x^3}{3}\right)_{-2}^{0} + 0{,}25 \cdot \left(x^2 - \frac{x^3}{3}\right)_{0}^{2}$

$\qquad = 0{,}25 \cdot \left(-4 + \frac{8}{3}\right) + 0{,}25 \cdot \left(4 - \frac{8}{3}\right)$

$\qquad = 0.$

b) Aufgrund der Symmetrie der Dichtefunktion um den Erwartungswert E(X) = 0 gilt

$$V(X) = 2 \cdot \int_0^2 (x-0)^2 \cdot 0{,}25 \cdot (2-x) \, dx$$

$$= 2 \cdot 0{,}25 \cdot \int_0^2 (2x^2 - x^3) \, dx$$

$$= 0{,}5 \cdot \left( \frac{2x^3}{3} - \frac{x^4}{4} \right) \Big|_0^2$$

$$= 0{,}5 \cdot \left( \frac{16}{3} - \frac{16}{4} \right) = \frac{64 - 48}{24} = \frac{2}{3}.$$

c)

$$F(x) = \begin{cases} 0 & \text{für } x \leq -2 \\ 1/2 + x/2 + x^2/8 & \text{für } -2 < x \leq 0 \\ 1/2 + x/2 - x^2/8 & \text{für } 0 < x \leq 2 \\ 1 & \text{für } x > 2. \end{cases}$$

Im Intervall von –2 bis 0 erhält man den Wert der Verteilungsfunktion durch

$$F(x) = \int_{-2}^{x} 0{,}25(2+s) \, ds = 0{,}25 \left( 2s + \frac{s^2}{2} \right) \Big|_{-2}^{x}$$

$$= 0{,}25 \left( 2x + \frac{x^2}{2} + 4 - 2 \right) = \frac{1}{2} + \frac{x}{2} + \frac{x^2}{8}.$$

Im Intervall von 0 bis 2 erhält man den Wert der Verteilungsfunktion durch die Überlegung, daß aufgrund der Symmetrie der Dichtefunktion um x = 0 gilt, daß F(0) = 0,5 (was sich durch Einsetzen der Obergrenze x = 0 in die letzte Formel bestätigen läßt), so daß für das gesamte Integral gilt

$$F(x) = \int_{-2}^{x} f(s) \, ds = 0{,}5 + \int_{0}^{x} 0{,}25(2-s) \, ds$$

$$= 0{,}5 + 0{,}25 \cdot \left( 2s - \frac{s^2}{2} \right)_{0}^{x} = \frac{1}{2} + \frac{x}{2} - \frac{x^2}{8}.$$

**Lösung zu Aufgabe 43**

a) Um das unbekannte a zu bestimmen, wird ausgenutzt, daß das Integral über eine Dichtefunktion den Wert 1 ergeben muß. Ist also die gegebene Funktion eine Dichtefunktion, so gilt

$$1 = \int_{-\infty}^{\infty} f(x) \, dx = \int_{-3}^{0} a(3+x) \, dx + \int_{0}^{3} a(3-x) \, dx$$

$$= a\left( 3x + \frac{x^2}{2} \right)_{-3}^{0} + a\left( 3x - \frac{x^2}{2} \right)_{0}^{3} = a\left(9 - \frac{9}{2} + 9 - \frac{9}{2}\right) = 9a.$$

Dividieren wir diese Gleichung durch 9, so erhalten wir $a = \frac{1}{9}$.

b)

$$F(x) = \begin{cases} 0 & \text{für } x \leq -3 \\ 1/2 + x/3 + x^2/18 & \text{für } -3 < x \leq 0 \\ 1/2 + x/3 - x^2/18 & \text{für } 0 < x \leq 3 \\ 1 & \text{für } x > 3. \end{cases}$$

Im Intervall von −3 bis 0 erhält man den Wert der Verteilungsfunktion durch

$$F(x) = \int_{-3}^{x} \left(\frac{1}{3} + \frac{s}{9}\right) ds = \left( \frac{s}{3} + \frac{s^2}{18} \right)_{-3}^{x} = \frac{x}{3} + \frac{x^2}{18} + 1 - \frac{1}{2} = \frac{1}{2} + \frac{x}{3} + \frac{x^2}{18}.$$

Im Intervall von 0 bis 3 erhält man den Wert der Verteilungsfunktion wegen $F(0) = 0{,}5$ durch

$$F(x) = 0{,}5 + \int_0^x \left(\frac{1}{3} - \frac{s}{9}\right) ds = 0{,}5 + \left(\frac{s}{3} - \frac{s^2}{18}\right)_0^x = \frac{1}{2} + \frac{x}{3} - \frac{x^2}{18}.$$

c) ~~b)~~  Da die Dichtefunktion symmetrisch um $x = 0$ ist, ist $E(X) = 0$.

d) Da $E(X) = 0$, stimmt die Varianz überein mit dem 2. gewöhnlichen Moment. Aufgrund der Symmetrie um $x = 0$ gilt dann

$$V(X) = 2 \cdot \int_0^3 x^2 \cdot \left(\frac{1}{3} - \frac{x}{9}\right) dx = 2 \cdot \int_0^3 \left(\frac{x^2}{3} - \frac{x^3}{9}\right) dx$$

$$= 2 \cdot \left(\frac{x^3}{9} - \frac{x^4}{36}\right)_0^3 = 2 \cdot \left(3 - \frac{81}{36}\right) = \frac{108 - 81}{18} = \frac{27}{18} = 1{,}5.$$

**Lösung zu Aufgabe 44**

a) $\quad E(X) = \int_{-3}^0 x\left(\frac{1}{2} + \frac{x}{6}\right) dx + \int_0^1 x\left(\frac{1}{2} - \frac{x}{2}\right) dx$

$$= \int_{-3}^0 \left(\frac{x}{2} + \frac{x^2}{6}\right) dx + \int_0^1 \left(\frac{x}{2} - \frac{x^2}{2}\right) dx$$

$$= \left(\frac{x^2}{4} + \frac{x^3}{18}\right)_{-3}^0 + \left(\frac{x^2}{4} - \frac{x^3}{6}\right)_0^1$$

$$= -\frac{9}{4} + \frac{27}{18} + \frac{1}{4} - \frac{1}{6} = \frac{-81 + 54 + 9 - 6}{36} = -\frac{24}{36}$$

$$= -\frac{2}{3}.$$

b)  $E(X^2) = \int_{-3}^{0} x^2(\frac{1}{2} + \frac{x}{6}) \, dx + \int_{0}^{1} x^2(\frac{1}{2} - \frac{x}{2}) \, dx$

$= \int_{-3}^{0} (\frac{x^2}{2} + \frac{x^3}{6}) \, dx + \int_{0}^{1} (\frac{x^2}{2} - \frac{x^3}{2}) \, dx$

$= (\frac{x^3}{6} + \frac{x^4}{24})\Big|_{-3}^{0} + (\frac{x^3}{6} - \frac{x^4}{8})\Big|_{0}^{1}$

$= \frac{27}{6} - \frac{81}{24} + \frac{1}{6} - \frac{1}{8}$

$= \frac{108 - 81 + 4 - 3}{24} = \frac{28}{24} = \frac{7}{6}$.

Nach der Zerlegungsregel der Varianz gilt

$V(X) = E(X^2) - (E(X))^2$

und damit

$V(X) = \frac{7}{6} - \frac{4}{9} = \frac{21 - 8}{18} = \frac{13}{18}$.

c)

$F(X) = \begin{cases} 0 & \text{für } x \leq -3 \\ 3/4 + x/2 + x^2/12 & \text{für } -3 < x \leq 0 \\ 3/4 + x/2 - x^2/4 & \text{für } 0 < x \leq 1 \\ 1 & \text{für } x > 1, \end{cases}$

denn es gilt im Intervall $-3 < x \leq 0$:

$$F(x) = \int_{-3}^{x} \left(\frac{1}{2} + \frac{s}{6}\right) ds = \left(\frac{s}{2} + \frac{s^2}{12}\right)\Big|_{-3}^{x} = \frac{x}{2} + \frac{x^2}{12} + \frac{3}{2} - \frac{9}{12}$$

$$= \frac{x}{2} + \frac{x^2}{12} + \frac{3}{4}$$

und im Intervall $0 < x \leq 1$ wegen $F(0) = 3/4$:

$$F(x) = \frac{3}{4} + \int_{0}^{x} \left(\frac{1}{2} - \frac{s}{2}\right) ds = \frac{3}{4} + \left(\frac{s}{2} - \frac{s^2}{4}\right)\Big|_{0}^{x}$$

$$= \frac{3}{4} + \frac{x}{2} - \frac{x^2}{4}.$$

**Lösung zu Aufgabe 45**

a)  $\mu_k = $ k–tes gewöhnliches Moment, wobei $\mu_k = E(X^k)$.

$$\mu_1 = \mu = E(X) = 1 \cdot \frac{1}{4} + 2 \cdot \frac{1}{2} + 3 \cdot \frac{1}{4} = 2.$$

$$\mu_2 = E(X^2) = 1 \cdot \frac{1}{4} + 4 \cdot \frac{1}{2} + 9 \cdot \frac{1}{4} = 4{,}5.$$

$$\mu_3 = E(X^3) = 1 \cdot \frac{1}{4} + 8 \cdot \frac{1}{2} + 27 \cdot \frac{1}{4} = 11.$$

b) $m_k$ = k–tes zentrales Moment, wobei $m_k = E((X-\mu)^k)$.

$m_1 = (1-2) \cdot \frac{1}{4} + (2-2) \cdot \frac{1}{2} + (3-2) \cdot \frac{1}{4} = 0$ (Es gilt stets $m_1 = E(X-\mu) = 0$).

$m_2 = (1-2)^2 \cdot \frac{1}{4} + (3-2)^2 \cdot \frac{1}{4} = 0{,}5$ (Auch nach der Zerlegungsregel: $m_2 = \mu_2 - \mu^2$).

$m_3 = (1-2)^3 \cdot \frac{1}{4} + (3-2)^3 \cdot \frac{1}{4} = 0$. (Aufgrund der Symmetrie um x=2 ist $m_3=0$).

**Lösung zu Aufgabe 46**

$E(X) = \frac{1}{6} \cdot (1+2+3+4+5+6) = \frac{21}{6} = \frac{7}{2} = 3{,}5$

$E(X^2) = \frac{1}{6} \cdot (1+4+9+16+25+36) = \frac{91}{6} = 15\frac{1}{6}$.

Nach der Zerlegungsregel gilt

$V(X) = E(X^2) - (E(X))^2$ und somit

$V(X) = \frac{91}{6} - \frac{49}{4} = \frac{182-147}{12} = \frac{35}{12} = 2\frac{11}{12}$.

**Lösung zu Aufgabe 47**

Aus der Wahrscheinlichkeitsverteilung der Binomialverteilung

$$P(X = k) = \binom{n}{k} \cdot p^k \cdot q^{n-k}$$

mit Erfolgswahrscheinlichkeit p (Bernoulliparameter) und Mißerfolgswahrscheinlichkeit $q = 1 - p$ im Einzelversuch erhalten wir für k = 1 bzw. k = 2 Erfolge in n = 3 Versuchen

$$P(X = 1) = \binom{3}{1} \cdot p^1 \cdot q^2 = 3pq^2$$

und

$$P(X = 2) = \binom{3}{2} \cdot p^2 \cdot q^1 = 3p^2q$$

und daher insgesamt

$$P(X = k \mid k = 1 \text{ oder } k = 2) = 3pq^2 + 3p^2q = 3pq(p+q) = 3pq,$$

wegen p+q =1.

**Lösung zu Aufgabe 48**

Nach der Binomialverteilung mit

$$P(X = k) = \binom{n}{k} \cdot p^k \cdot q^{n-k}$$

mit $q = 1 - p$ gilt für $n = 7$

$$P(X = 3) = \binom{7}{3} \cdot p^3 \cdot q^4 = \frac{7 \cdot 6 \cdot 5}{1 \cdot 2 \cdot 3} \cdot p^3 \cdot q^4 = 35p^3q^4$$

$$P(X = 4) = \binom{7}{4} \cdot p^4 \cdot q^3 = \frac{7 \cdot 6 \cdot 5 \cdot 4}{1 \cdot 2 \cdot 3 \cdot 4} \cdot p^4 \cdot q^3 = 35p^4q^3,$$

so daß

$$\begin{aligned} P(X = 3) + P(X = 4) &= 35(p^3q^4 + p^4q^3) \\ &= 35p^3q^3 \cdot (q + p) \\ &= 35p^3q^3, \end{aligned}$$

da $p + q = 1$.

**Lösung zu Aufgabe 49**

Mit der Binomialverteilung ergibt sich für n = 4 und p = 0,7:

a) $P(X = 0) = \binom{4}{0} \cdot 0{,}7^0 \cdot 0{,}3^4 = 0{,}3^4 = 0{,}0081.$

b) $P(X = 1) = \binom{4}{1} \cdot 0{,}7^1 \cdot 0{,}3^3 = 4 \cdot 0{,}7 \cdot 0{,}027 = 0{,}0756.$

c) $P(X \geq 1) = 1 - P(X = 0) = 1 - 0{,}0081 = 0{,}9919.$

d) $P(X = 4) = \binom{4}{4} \cdot 0{,}7^4 \cdot 0{,}3^0 = 0{,}7^4 = 0{,}2401.$

**Lösung zu Aufgabe 50**

a) Aufgrund der ersten beiden Klausuren gilt für die 1000 Studierenden:

$0{,}8^2 \cdot 1000 =$          640 Studierende bestehen die ersten beiden Klausuren
$0{,}2^2 \cdot 1000 =$          40 Studierende bestehen beide Klausuren nicht
$0{,}8 \cdot 0{,}2 \cdot 1000 =$    160 Studierende bestehen nur die erste Klausur
$0{,}2 \cdot 0{,}8 \cdot 1000 =$    160 Studierende bestehen nur die zweite Klausur

Für die Nachklausur gilt:

Von den 160 + 160 = 320 Studierenden, die zur Teilnahme an der Nachklausur berechtigt sind, bestehen 320 · 0,8 = 256 Studierende, 320 · 0,2 = 64 Studierende bestehen die Nachklausur nicht.

b) 40 + 64 = 104 Studierende erhalten also den Schein nicht. Die Durchfallquote beträgt damit 10,4%.

**Lösung zu Aufgabe 51**

Die Zufallsvariable X zähle die roten Kugeln, die Zufallsvariable Y die grünen Kugeln in der Stichprobe vom Umfang n=6. Somit ist Y = 6 − X.

Da "Ziehen mit Zurücklegen" vorliegt, wird die Binomialverteilung mit n=6 und p = 5/20 = 1/4 verwendet.

a) $\quad P(X = 4) = \binom{6}{4} \cdot (\frac{1}{4})^4 \cdot (\frac{3}{4})^2 = \frac{6 \cdot 5}{1 \cdot 2} \cdot \frac{3^2}{4^6} = \frac{15 \cdot 9}{4^6} = \frac{135}{4096} \cong 0{,}03296$

b) $\quad P(X = 5) = \binom{6}{5} \cdot (\frac{1}{4})^5 \cdot \frac{3}{4} = \frac{18}{4096} \cong 0{,}00439$

c) $\quad P(X = 6) = \binom{6}{6} \cdot (\frac{1}{4})^6 = \frac{1}{4^6} = \frac{1}{4096} \cong 0{,}00024$

d) $\quad P(Y > 2) = P(6 - X > 2) = P(X < 4) = 1 - P(X \geq 4)$

$$= 1 - (P(X=4) + P(X=5) + P(X=6))$$

$$= 1 - \frac{135 + 18 + 1}{4096} = 1 - \frac{154}{4096} = \frac{3942}{4096} \cong 0{,}9624.$$

**Lösung zu Aufgabe 52**

Mit der Binomialverteilung erhalten wir für n = 10 und p = 1/7

$P(X = 6) = \binom{10}{6} \cdot (\frac{1}{7})^6 \cdot (\frac{6}{7})^4 = 272160/7^{10}$

$P(X = 7) = \binom{10}{7} \cdot (\frac{1}{7})^7 \cdot (\frac{6}{7})^3 = 25920/7^{10}$

$P(X = 8) = \binom{10}{8} \cdot (\frac{1}{7})^8 \cdot (\frac{6}{7})^2 = 1620/7^{10}$

$P(X = 9) = \binom{10}{9} \cdot (\frac{1}{7})^9 \cdot (\frac{6}{7})^1 = 60/7^{10}$

$P(X = 10) = \binom{10}{10} \cdot (\frac{1}{7})^{10} \cdot (\frac{6}{7})^0 = 1/7^{10}$

Somit gilt

P(X > 5) = P(X=6) + P(X=7) + P(X=8) + P(X=9) + P(X=10)
= $299761/7^{10} \approx 0{,}001061$.

**Lösung zu Aufgabe 53**

Mit der Binomialverteilung

$$P(X = k) = \binom{n}{k} \cdot p^k \cdot q^{n-k}$$

mit $q = 1 - p$ erhält man für $n = 100$, $p = 100$ und $k = 0$

$$P(X = 0) = \binom{100}{0} \cdot \left(\frac{1}{100}\right)^0 \cdot \left(\frac{99}{100}\right)^{100}$$

$$= 0{,}99^{100} \approx 0{,}366.$$

Da $p = 1/100$ klein ist, kann man als Approximation die Poissonverteilung

$$P(X = k) = \frac{\lambda^k}{k!} \cdot e^{-\lambda}$$

nehmen mit $\lambda = E(X) = n \cdot p = 100 \cdot \frac{1}{100} = 1$ und somit

$$P(X = 0) = \frac{1^0}{0!} \cdot e^{-1} = \frac{1}{e} \approx 0{,}368.$$

**Lösung zu Aufgabe 54**

Lösung mit der Poissonverteilung

$$P(X = k) = \frac{\lambda^k}{k!} \cdot e^{-\lambda}$$

mit Poissonparameter $\lambda = 1 = E(X)$ und $e \approx 2{,}718281828$

$P(X > 2) = 1 - P(X = 0) - P(X = 1) - P(X = 2)$

$$= 1 - (\frac{1^0}{0!} + \frac{1^1}{1!} + \frac{1^2}{2!}) \cdot \frac{1}{e}$$

$$= 1 - (1 + 1 + 0{,}5)/e$$

$$= 1 - 2{,}5/e$$

$$\approx 0{,}0803014.$$

**Lösung zu Aufgabe 55**

Lösung mit der Poissonverteilung: Poissonparameter $\lambda = E(X) = n \cdot p = 50 \cdot \frac{1}{50} = 1$.

$P(X \leq 3) = P(X=0) + P(X=1) + P(X=2) + P(X=3)$

$$= (\frac{1^0}{0!} + \frac{1^1}{1!} + \frac{1^2}{2!} + \frac{1^3}{3!}) \cdot \frac{1}{e}$$

$$= (1 + 1 + 1/2 + 1/6) \cdot \frac{1}{e}$$

$$= \frac{8}{3} \cdot \frac{1}{e}$$

$$\approx 0{,}9810118.$$

**Lösung zu Aufgabe 56**

Lösung mit der hypergeometrischen Verteilung

$$P(X = k) = \frac{\binom{K}{k} \cdot \binom{N-K}{n-k}}{\binom{N}{n}}.$$

Hierbei sind

N = Umfang der Grundgesamtheit
n = Stichprobenumfang
K = Anzahl der Erfolgseinheiten in der Grundgesamtheit
k = Anzahl der Erfolgseinheiten in der Stichprobe,

so daß

$$P(X = 4) = \frac{\binom{6}{4} \cdot \binom{43}{2}}{\binom{49}{6}}$$

$$= \frac{6 \cdot 5 \cdot 43 \cdot 42 \cdot 1 \cdot 2 \cdot 3 \cdot 4 \cdot 5 \cdot 6}{1 \cdot 2 \cdot 1 \cdot 2 \cdot 49 \cdot 48 \cdot 47 \cdot 46 \cdot 45 \cdot 44}$$

$$\approx 0{,}0009686.$$

**Lösung zu Aufgabe 57**

A) a) Ziehen ohne Zurücklegen: Für die Anzahl n der Versuche ($1 \leq n \leq 4$) gelten folgende Wahrscheinlichkeiten $p_n = P(X = n)$:

$$P(X = 1) = \frac{1}{4}$$

$$P(X=2) = \frac{3}{4} \cdot \frac{1}{3} = \frac{1}{4}$$

$$P(X=3) = \frac{3}{4} \cdot \frac{2}{3} \cdot \frac{1}{2} = \frac{1}{4}$$

$$P(X=4) = \frac{3}{4} \cdot \frac{2}{3} \cdot \frac{1}{2} \cdot 1 = \frac{1}{4}.$$

Hieraus errechnet sich der Erwartungswert

$$E(X) = \sum_{n=1}^{4} n \cdot p_n = \frac{1}{4} \cdot (1+2+3+4) = \frac{10}{4} = 2{,}5.$$

b) Ziehen mit Zurücklegen: Es liegt eine Bernoullifolge im Sinne der geometrischen Verteilung vor, d.h. eine Folge von identisch und unabhängig verteilten Einzelversuchen mit Bernoulliparameter p. Für den Erwartungswert der geometrischen Verteilung gilt

$$E(X) = \frac{1}{p},$$

so daß wegen $p = \frac{1}{4}$ in diesem Falle gilt

$$E(X) = 4.$$

Auf die Dauer und im Durchschnitt wird der Betrunkene also beim 4. Versuch Erfolg haben. Der Erwartungswert ist hier somit größer als beim Ziehen ohne Zurücklegen. Er wird also auf die Dauer und im Durchschnitt länger brauchen, wenn er wahllos Schlüssel ausprobiert, anstatt ausprobierte Schlüssel nicht mehr zu verwenden.

B) a) In Aa) haben wir bereits festgestellt, daß dies bedeutet, daß eine Gleichverteilung resultiert, d.h. jeder der 4 Versuche, die Haustür zu öffnen, hat die Wahrscheinlichkeit 1/4 für Erfolg.

P(Erfolg in n $\leq$ 3 Versuchen) = P(Erfolg im 1. Versuch)
+ P(Erfolg im 2. Versuch)
+ P(Erfolg im 3. Versuch)

$$= \frac{1}{4} + \frac{1}{4} + \frac{1}{4}$$

$$= \frac{3}{4}.$$

Daraus folgt

P(zurück in Kneipe) $= 1 - \frac{3}{4} = \frac{1}{4}$.

b) Da der Betrunkene wahllos Schlüssel ausprobiert, tritt Erfolg mit Wahrscheinlichkeit 1/4 und Mißerfolg mit Wahrscheinlichkeit 3/4 in jedem Einzelversuch auf:

P(Erfolg im 1. Versuch) = 1/4
P(Erfolg im 2. Versuch) = 3/4 · 1/4 = 3/16
P(Erfolg im 3. Versuch) = 3/4 · 3/4 · 1/4 = 9/64

P(Erfolg in n $\leq$ 3 Versuchen = 1/4 + 3/16 + 9/64 = 37/64.

Daraus folgt

P(zurück in Kneipe) = 1 − 37/64 = 27/64.

**Lösung zu Aufgabe 58**

Eigenschaften der Dichtefunktion f(x) einer $N(\mu,\sigma^2)$–verteilten Zufallsvariablen X:

1.   Die Dichtefunktion ist symmetrisch um die Symmetrieachse $x = \mu$.
2.   Die Dichtefunktion hat ihr Maximum an der Stelle $x = \mu$.
3.   Die Dichtefunktion hat Wendepunkte an den Stellen $x = \mu + \sigma$ und $x = \mu - \sigma$.
4.   Ausgehend vom Maximum nähert sich die Dichtefunktion mit betragsmäßig zunehmendem x monoton fallend der Abszisse.


**Lösung zu Aufgabe 59**

a)   Durch Standardisierung mit $\mu = 100$ und $\sigma = 2$ erhalten wir

$$P(96 \leq x \leq 104) = P\left(\frac{96-100}{2} \leq \frac{x-100}{2} \leq \frac{104-100}{2}\right)$$

$$= P(-2 \leq y \leq 2) = P(-k \leq y \leq k) = 1 - \alpha.$$

Durch Vergleich mit einer Tabelle der Standardnormalverteilung (Leiner (1991[5]), S. 157 und 240–242, s. bes. S. 241.)) erhalten wir für k=2 einen Wert für $1 - \alpha$ von 0,9545 und somit einen Ausschußanteil von $\alpha = 4{,}55\%$.

b)   $P(94 \leq x \leq 106)$
$$= P\left(\frac{94-100}{2} \leq \frac{x-100}{2} \leq \frac{106-100}{2}\right)$$
$$= P(-3 \leq y \leq 3)$$
$$= P(-k \leq y \leq k) = 1 - \alpha.$$

Durch Vergleich mit einer Tabelle der Standardnormalverteilung erhalten wir für k=3 einen Wert von $1 - \alpha$ von 0,9973 und somit einen Ausschußanteil von $\alpha = 0{,}27\%$.

**Lösung zu Aufgabe 60**

Für das symmetrische Toleranzintervall gilt, wenn b der Abstand von der Intervallmitte bis zu einer der Intervallgrenzen ist:

$$P(\mu - b \leq x \leq \mu + b) = 1 - \alpha.$$

Standardisieren mit $\mu$ und $\sigma$ ergibt

$$P(\frac{\mu - b - \mu}{\sigma} \leq \frac{x - \mu}{\sigma} \leq \frac{\mu + b - \mu}{\sigma})$$

$$= P(-\frac{b}{\sigma} \leq y \leq \frac{b}{\sigma}) = 1 - \alpha.$$

Andererseits gilt für die standardnormalverteilte Zufallsvariable Y, daß

$$P(-k \leq y \leq k) = 1 - \alpha.$$

Der Vergleich der beiden letzten Formeln zeigt, daß

$$k = \frac{b}{\sigma},$$

woraus folgt, daß

$$b = k \cdot \sigma.$$

Im Beispiel ist ein Ausschußanteil von $\alpha = 0{,}05$ gegeben. Aus einer Tabelle der Standardnormalverteilung ermitteln wir für ein symmetrisches Intervall einen Wert für k von 1,96. Die Standardabweichung $\sigma$ wurde mit 0,03 mm angegeben. Somit erhalten wir

$$b = 1{,}96 \cdot 0{,}03 \text{ mm} = 0{,}0588 \text{ mm}$$

und weiter wegen $\mu = 10$ mm als Untergrenze des Toleranzintervalls

$$\mu - b = 0{,}9412 \text{ mm}$$

und als Obergrenze des Toleranzintervalls

$$\mu + b = 10{,}0588 \text{ mm}.$$

**Lösung zu Aufgabe 61**

Für den Erwartungswert des Stichprobenmittels erhalten wir

$$E(\overline{X}) = E\left(\frac{1}{n} \sum_{i=1}^{n} X_i\right) = \frac{1}{n} \cdot E\left(\sum_{i=1}^{n} X_i\right),$$

wobei die Formel für das Stichprobenmittel als Argument des Erwartungswerts eingesetzt wurde und gemäß der Formel $E(a \cdot X) = a \cdot E(X)$ für eine multiplikative Konstante a die Konstante $1/n$ vor den Erwartungswert gezogen wurde.

E und $\Sigma$ sind lineare Operatoren, die miteinander vertauscht werden dürfen. Es gilt nämlich der Satz, daß der Erwartungswert einer Summe gleich der Summe der Erwartungswerte (der Summanden) ist. Daraus folgt, daß

$$E(\overline{X}) = \frac{1}{n} \cdot \sum_{i=1}^{n} E(X_i).$$

Nun haben identisch verteilte Zufallsvariablen den gleichen Erwartungswert, d.h. es gilt

$$E(X_i) = \mu \text{ für } i = 1, ..., n,$$

so daß

$$E(\overline{X}) = \frac{1}{n} \cdot \sum_{i=1}^{n} \mu = \frac{1}{n} \cdot n \cdot \mu = \mu.$$

$\mu$ ist eine Konstante, die hierbei n–mal summiert wird, so daß sich schließlich das n wegkürzt.

**Lösung zu Aufgabe 62**

Für die Varianz des Stichprobenmittels erhalten wir

$$V(\overline{X}) = V\left(\frac{1}{n} \sum_{i=1}^{n} X_i\right) = \frac{1}{n^2} \cdot V\left(\sum_{i=1}^{n} X_i\right),$$

wobei die Formel für das Stichprobenmittel als Argument des Varianzoperators eingesetzt wurde und nach der Formel $V(a \cdot X) = a^2 \cdot V(X)$ für eine multiplikative Konstante a die Konstante 1/n quadratisch vor den Varianzoperator gezogen wurde.

Für den hier angenommenen Spezialfall unabhängig verteilter Zufallsvariablen $X_i$ (i=1,...,n) lassen sich V und Σ vertauschen, weil dann die Varianz einer Summe gleich der Summe der Varianzen (der Summanden) ist. Folglich gilt

$$V(\overline{X}) = \frac{1}{n^2} \sum_{i=1}^{n} V(X_i).$$

Nun haben identisch verteilte Zufallsvariablen die gleiche Varianz, d.h. es gilt

$$V(X_i) = \sigma^2 \text{ für } i = 1, ..., n$$

und daher

$$V(\overline{X}) = \frac{1}{n^2} \sum_{i=1}^{n} \sigma^2 = \frac{1}{n^2} \cdot n \cdot \sigma^2 = \frac{\sigma^2}{n}.$$

$\sigma^2$ ist eine Konstante, die n-mal summiert wird, so daß sich ein n wegkürzt.

**Lösung zu Aufgabe 63**

Für den Erwartungswert dieser Varianzschätzung erhalten wir

$$E(\hat{\sigma}^2) = E(\frac{1}{n}\sum_{i=1}^{n}(X_i - \mu)^2) = \frac{1}{n} \cdot E(\sum_{i=1}^{n}(X_i - \mu)^2),$$

da nach der Formel $E(a \cdot X) = a \cdot E(X)$ eine multiplikative Konstante a (hier $1/n$) vor den Erwartungsoperator gezogen werden kann.

Da E und $\Sigma$ lineare Operatoren sind, die vertauscht werden dürfen, da der Erwartungswert einer Summe gleich der Summe der Erwartungswerte ist, gilt weiter

$$E(\hat{\sigma}^2) = \frac{1}{n}\sum_{i=1}^{n} E(X_i - \mu)^2.$$

Der Ausdruck unter dem Summenzeichen ist die Varianz $V(X_i) = \sigma^2$ der Zufallsvariablen $X_i$, so daß wir schließlich erhalten

$$E(\hat{\sigma}^2) = \frac{1}{n}\sum_{i=1}^{n} \sigma^2 = \frac{1}{n} \cdot n \cdot \sigma^2 = \sigma^2,$$

denn die Konstante $\sigma^2$ wird n–mal summiert, so daß sich n wegkürzt.

Damit ist bewiesen, daß die Schätzung erwartungstreu für $\sigma^2$ ist.


**Lösung zu Aufgabe 64**

Für den theoretischen Korrelationskoeffizienten gilt

$$\rho(X, Y) = \frac{Cov(X, Y)}{\sigma_X \cdot \sigma_Y},$$

wobei

$\text{Cov}(X, Y) = E((X - \mu_X) \cdot (Y - \mu_Y))$

$\mu_X$ = Erwartungswert der Zufallsvariablen X

$\mu_Y$ = Erwartungswert der Zufallsvariablen Y

$\sigma_X$ = Standardabweichunge der Zufallsvariablen X (positive Quadratwurzel aus V(X))

$V(X) = E((X - \mu_X)^2)$

$\sigma_Y$ = Standardabweichung der Zufallsvariablen Y (positive Quadratwurzel aus V(Y))

$V(Y) = E((Y - \mu_Y)^2).$

## Lösung zu Aufgabe 65

Für den empirischen Korrelationskoeffizienten gilt

$$r(x, y) = \frac{\text{cov}(x, y)}{s_x \cdot s_y},$$

wobei

$$\text{cov}(x, y) = \frac{1}{T} \sum_{t=1}^{T} (x_t - \overline{x}) \cdot (y_t - \overline{y})$$

die empirische Kovarianz ist, die aus den Beobachtungen $x_t$ der exogenen Variablen und $y_t$ der endogenen Variablen mit $t = 1, ..., T$ (T = Anzahl der Beobachtungsperioden) berechnet wird.

Für die zeitlichen Mittel gilt

$$\overline{x} = \frac{1}{T} \sum_{t=1}^{T} x_t \quad \text{und} \quad \overline{y} = \frac{1}{T} \sum_{t=1}^{T} y_t.$$

Die Standardabweichungen $s_x$ bzw. $s_y$ erhält man als positive Quadratwurzeln aus den empirischen Varianzen

$$s_x^2 = \frac{1}{T} \sum_{t=1}^{T} (x_t - \overline{x})^2 \quad \text{bzw.} \quad s_y^2 = \frac{1}{T} \sum_{t=1}^{T} (y_t - \overline{y})^2.$$

**Lösung zu Aufgabe 66**

Nach der (gewöhnlichen) Methode der kleinsten Quadrate (OLS steht für ordinary least squares method) lauten die beiden Bestimmungsgleichungen für die lineare Einfachregression:

(1) $\quad a = \overline{y} - b \cdot \overline{x}$

(2) $\quad b = \dfrac{\text{cov}(x, y)}{s_x^2}$,

wobei
a = OLS–Schätzung der Niveaukonstanten (Ordinatenabschnitt)
b = OLS–Schätzung des Regressionskoeffizienten (Steigungsparameter)

$\overline{y}$ = zeitliches Mittel, das aus den T Beobachtungen der endogenen Variablen $y_t$ gebildet wird mit

$$\overline{y} = \frac{1}{T} \sum_{t=1}^{T} y_t,$$

$\overline{x}$ = zeitliches Mittel, das aus den T Beobachtungen der exogenen Variablen $x_t$ gebildet wird mit

$$\overline{x} = \frac{1}{T} \sum_{t=1}^{T} x_t,$$

cov(x, y) = empirische Kovarianz, die berechnet wird als

$$\text{cov}(x, y) = \frac{1}{T} \sum_{t=1}^{T} (x_t - \overline{x}) \cdot (y_t - \overline{y})$$

sowie

$s_x^2$ = empirische Varianz der exogenen Variablen, die berechnet wird als

$$s_x^2 = \frac{1}{T} \sum_{t=1}^{T} (x_t - \overline{x})^2.$$

**Lösung zu Aufgabe 67**

Es empfiehlt sich das Anlegen der folgenden Arbeitstabelle:

| Jahr | $C_t$ | $Y_t$ | $C_t - \overline{C}$ | $Y_t - \overline{Y}$ | $(C_t - \overline{C}) \cdot (Y - \overline{Y})$ | $(Y_t - \overline{Y})^2$ |
|---|---|---|---|---|---|---|
| (1) | (2) | (3) | (4) | (5) | (6) | (7) |
| 1968 | 302 | 344 | −51,25 | −63,25 | 3241,5625 | 4000,5625 |
| 1969 | 333 | 381 | −20,25 | −26,25 | 531,5625 | 689,0625 |
| 1970 | 369 | 428 | 15,75 | 20,75 | 326,8125 | 430,5625 |
| 1971 | 409 | 476 | 55,75 | 68,75 | 3832,8125 | 4726,5625 |
| Σ | 1413 | 1629 | 0 | 0 | 7932,75 | 9846,75 |

$\overline{C} = 1413/4 = 353,25$

$\overline{Y} = 1629/4 = 407,25.$

Das zeitliche Mittel $\overline{C}$ erhält man aus der Summe der $C_t$ (1413), indem man diese durch die Anzahl der Beobachtungsperioden (hier 4) dividiert.

Entsprechend erhält man das zeitliche Mittel $\overline{Y}$, indem man die Summe der $Y_t$ durch T=4 dividiert.

In der 4. Spalte der Arbeitstabelle werden die Abweichungen der $C_t$ von ihrem Mittel $\overline{C} = 353{,}25$ berechnet.

In der 5. Spalte der Arbeitstabelle werden die Abweichungen der $Y_t$ von ihrem Mittel $\overline{Y} = 407{,}25$ berechnet.

In der 6. Spalte der Arbeitstabelle werden die jeweiligen Abweichungen miteinander multipliziert.

Die 7. Spalte der Arbeitstabelle enthält die Quarate der Abweichungen der $Y_t$ von ihrem Mittel $\overline{Y}$.

Die Schätzung des Regressionskoeffizienten erhält man durch die Division

$$b = \frac{\sum_{t=1}^{T} (C_t - \overline{C}) \cdot (Y_t - \overline{Y})}{\sum_{t=1}^{T} (Y_t - \overline{Y})^2}$$

$$= \frac{7932{,}75}{9846{,}75} \approx 0{,}8056211.$$

Die überflüssige Division in Zähler und Nenner von b mit T = 4 wurde vermieden.

Die Schätzung des absoluten Glieds erhält man mit

$a = \overline{C} - b \cdot \overline{Y}$
$\approx 353{,}25 - 0{,}8056211 \cdot 407{,}25$
$\approx 25{,}1608.$

**Lösung zu Aufgabe 68**

Die Berechnungen vereinfachen sich, wenn für die 4 Beobachtungen der Zeitindex so transformiert wird, daß sein Mittelwert Null wird. Wir wählen also $t = -1{,}5$; $-0{,}5$; $0{,}5$; $1{,}5$, damit $\overline{t} = 0$.

Wegen $\overline{t} = 0$ wird aus $a = \overline{C} - b \cdot \overline{t}$ nun $a = \overline{C}$.

Entsprechend (vgl. Leiner (1991[3], S. 14)) vereinfacht sich die Formel für die Steigung zu

$$b = \frac{\sum_{t=-1{,}5}^{1{,}5} t \cdot C_t}{\sum_{t=-1{,}5}^{1{,}5} t^2}$$

Somit ergibt sich folgende vereinfachte <u>Arbeitstabelle:</u>

| | t | $C_t$ | $t \cdot C_t$ | $t^2$ |
|---|---|---|---|---|
| | −1,5 | 302 | −453 | 2,25 |
| | −0,5 | 333 | −166,5 | 0,25 |
| | 0,5 | 369 | 184,5 | 0,25 |
| | 1,5 | 409 | 613,5 | 2,25 |
| Σ | 0 | 1413 | 178,5 | 5 |

Als Parameterschätzungen erhalten wir also

$$a = 1413/4 = 353{,}25$$

und

$$b = 178{,}5/5 = 35{,}7.$$

**Lösung zu Aufgabe 69**

Eine Zeitreihe (vgl. Leiner (1991[3]), S. 5 – 7) $x_t$ (t = 1, ..., T) läßt sich in folgende Bewegungskomponenten zerlegen:

1. Die glatte Komponente $g_t$.

    Darunter versteht man den Trend (die Grundrichtung einer Zeitreihe, d.h. ob die Zeitreihe eine steigende, sinkende oder gleichbleibende Tendenz aufweist) bzw. langfristige Schwingungen (mit einem Zyklus von 50 bis 100 Jahren).

2. Die Konjunkturkomponente $k_t$.

    Dies sind Schwingungen mit einem Zyklus von 2 bis 10 Jahren, die für die Volkswirtschaft eines Landes charakteristisch sind.

3. Die Saisonkomponente $s_t$.

    Hierzu zählen Schwingungen mit einem Zyklus von 2 bis 12 Monaten, die auf jahreszeitliche Besonderheiten zurückzuführen sind.

4. Die irreguläre Komponente $u_t$.

    Sie spiegelt Störeinflüsse wider und kann als Zufallsvariable aufgefaßt werden.

Additive Verknüpfung:

$$x_t = g_t + k_t + s_t + u_t,$$

d.h. die einzelnen Komponenten überlagern sich.

Multiplikative Verknüpfung:

$$x_t = g_t \cdot k_t \cdot s_t \cdot u_t,$$

d.h. die einzelnen Komponenten verstärken sich. Durch Logarithmieren kann die multiplikative Verknüpfung formal in eine additive Verknüpfung der Logarithmen der Bewegungskomponenten transformiert werden.

**Lösung zu Aufgabe 70**

Für ein symmetrisches Konfidenzintervall besteht die Wahrscheinlichkeitsaussage:

$$P(\overline{x} - k \cdot \frac{\sigma}{\sqrt{n}} \leq \mu \leq \overline{x} + k \cdot \frac{\sigma}{\sqrt{n}}) = 1 - \alpha.$$

Aus einer Tabelle der Standardnormalverteilung ergibt sich für $1 - \alpha$ ein Wert von $k = 1{,}96$. Wegen $n = 25$ und $\sigma = 6$ g erhalten wir mit $\overline{x} = 498{,}7$ g

$$P(498{,}7 \text{ g} - 1{,}96 \cdot \frac{6}{5} \text{ g} \leq \mu \leq 498{,}7 \text{ g} + 1{,}96 \cdot \frac{6}{5} \text{ g}) = 0{,}95$$

und daraus

$$P(498{,}7 \text{ g} - 2{,}352 \text{ g} \leq \mu \leq 498{,}7 \text{ g} + 2{,}352 \text{ g}) = 0{,}95$$

und schließlich

$$P(496{,}348 \text{ g} \leq \mu \leq 501{,}052 \text{ g}) = 0{,}95.$$

$\mu$ liegt also im Konfidenzintervall mit Untergrenze 496,348 g und Obergrenze 501,052 g bei einem Konfidenzniveau von 95%.

**Lösung zu Aufgabe 71**

Die Nullhypothese lautet

$H_0$: $\mu = \mu_0 = 174$ cm.

Für den Annahmebereich gilt mit der Standardnormalverteilung die Wahrscheinlichkeitsaussage

$$P(\overline{x} - k \cdot \frac{\sigma}{\sqrt{n}} \leq \mu \leq \overline{x} + k \cdot \frac{\sigma}{\sqrt{n}}) = 1 - \alpha.$$

Aus den Angaben $\overline{x} = 172$ cm, $n = 400$, $\sigma = 10$ cm und $k = 1,96$ (wegen $\alpha = 5\%$ aus einer Tabelle der Standardnormalverteilung) errechnet sich

$$P(172 \text{ cm} - 1,96 \cdot \frac{10}{20} \text{ cm} \leq \mu \leq 172 \text{ cm} + 1,96 \cdot \frac{10}{20} \text{ cm}) = 0,95$$

und daraus

$$P(172 \text{ cm} - 0,98 \text{ cm} \leq \mu \leq 172 \text{ cm} + 0,98 \text{ cm}) = 0,95$$

und schließlich

$$P(171,02 \text{ cm} \leq \mu \leq 172,98 \text{ cm}) = 0,95.$$

Die Nullhypothese liegt im kritischen Bereich. Sie wird mit einer Irrtumswahrscheinlichkeit von 5% abgelehnt.

**Lösung zu Aufgabe 72**

Die Nullhypothese lautet

$H_0: \mu = \mu_0 = 200$ mm.

Für den Annahmebereich gilt nach der t–Verteilung die Wahrscheinlichkeitsaussage:

$$P(\overline{x} - t \cdot \frac{\tilde{s}}{\sqrt{n}} \leq \mu \leq \overline{x} + t \cdot \frac{\tilde{s}}{\sqrt{n}}) = 1 - \alpha.$$

Aus einer Tabelle der t–Verteilung (Leiner (1991[5]), S. 243) erhält man aus n = 16 und daher n–1 = 15 Freiheitsgraden sowie $1 - \alpha = 0{,}95$ einen tabellierten t–Wert von 2,13.

$\tilde{s} = 2{,}5$ mm ist die positive Quadratwurzel aus der modifizierten Stichprobenvarianz. Mit $\overline{x} = 198{,}5$ mm errechnet sich somit

$$P(198{,}5 \text{ mm} - 2{,}13 \cdot \frac{2{,}5}{4} \text{ mm} \leq \mu \leq 198{,}5 \text{ mm} + 2{,}13 \cdot \frac{2{,}5}{4} \text{ mm}) = 0{,}95$$

und daraus

$$P(198{,}5 \text{ mm} - 1{,}33125 \text{ mm} \leq \mu \leq 198{,}5 \text{ mm} + 1{,}33125 \text{ mm}) = 0{,}95$$

und schließlich

$$P(197{,}16875 \text{ mm} \leq \mu \leq 199{,}83125 \text{ mm}) = 0{,}95.$$

Die Nullhypothese liegt im kritischen Bereich. Mit 5% Irrtumswahrscheinlichkeit wird sie abgelehnt.

**Lösung zu Aufgabe 73**

Die Nullhypothese lautet

$H_0$: $\sigma^2 \leq 4$ cm$^2$.

Aus den Angaben errechnet sich das Stichprobenmittel

$$\overline{x} = \frac{1}{n} \sum_{i=1}^{n} x_i$$
$$= \frac{1}{11}(252+247+248+251+254+247+249+252+250+247+253)$$
$$= 2750/11$$
$$= 250.$$

Als modifizierte Stichprobenvarianz

$$\tilde{s}^2 = \frac{1}{n-1} \sum_{i=1}^{n} (x_i - \overline{x})^2$$

erhalten wir aus der Summe der quadrierten Abweichungen der einzelnen Stich—
probenwerte von ihrem Stichprobenmittel $\overline{x} = 250$

$$\tilde{s}^2 = \frac{1}{10}(4+9+4+1+16+9+1+4+0+9+9)$$
$$= \frac{66}{10}$$
$$= 6,6.$$

Mit der $\chi^2$-Verteilung gilt für die Wahrscheinlichkeit des Annahmebereichs

$$P((n-1) \cdot \frac{\tilde{s}^2}{\sigma^2} \leq \chi^2) = \alpha.$$

Aus einer Tabelle der $\chi^2$-Verteilung (Leiner (1991[5]), S. 244) erhalten wir den tabellierten $\chi^2$-Wert für n−1=10 Freiheitsgrade und $\alpha = 0{,}05$ als $\chi^2 = 18{,}3$.

Da der Wert der Prüfgröße

$$(n-1) \cdot \frac{\tilde{s}^2}{\sigma^2} = 10 \cdot \frac{6{,}6}{4} = 16{,}5$$

kleiner ist als der Tabellenwert von 18,3, liegt die Prüfgröße, in der der kritische Wert der Nullhypothese von $\sigma^2 = 4$ verwendet wurde, noch im Annahmebereich, der Null als Untergrenze und den Tabellenwert 18,3 als Obergrenze hat.

Die obige Bedingung für die Wahrscheinlichkeit des Annahmebereichs wird also eingehalten.

Infolgedessen kann die Nullhypothese mit 5% Irrtumswahrscheinlichkeit durch die Werte dieser Stichprobe nicht als widerlegt gelten.

**Lösung zu Aufgabe 74**

Ein <u>Fehler 1. Art</u> liegt vor, wenn in einem Test eine richtige Nullhypothese aufgrund der Beobachtungen abgelehnt wird.

Ein <u>Fehler 2. Art</u> liegt vor, wenn in einem Test eine falsche Nullhypothese aufgrund der Beobachtungen nicht abgelehnt wird.

**Lösung zu Aufgabe 75**

Die Gütefunktion eines Tests ist der Graph von $1-\beta$ ( d.h. der Wahrscheinlichkeit, einen Fehler 2. Art zu vermeiden) in Abhängigkeit von verschiedenen Werten der Alternativhypothese.

Aus einer Gütefunktion kann man daher ersehen, mit welcher Wahrscheinlichkeit ein Fehler 2. Art vermieden wird, wenn ein beliebiger Wert der Alternativhypothese vorliegt.

Stimmen Nullhypothese und Alternativhypothese überein, so ist $1 - \beta = \alpha$, d.h. die Gütefunktion erreicht an der Stelle $\mu$ (Wert der Alternativhypothese) $= \mu_0$ Wert der Nullhypothese) ihren niedrigsten Wert $\alpha$.

Mit zunehmendem Abstand des Wertes $\mu$ der Alternativhypothese von $\mu_0$ wird sich die Gütefunktion ihrem Maximalwert 1 nähern, d.h. mit gegen Sicherheit tendierender Wahrscheinlichkeit wird dann ein Fehler 2. Art vermieden.

Somit sind Gütefunktionen mit steilem Anstieg solchen mit niedrigerem Anstieg vorzuziehen.

**Lösung zu Aufgabe 76**

Die Nullhypothese lautet:

$H_0: \mu_1 - \mu_2 = 0.$

Für den Annahmebereich gilt nach der Normalverteilung

$$P(\overline{x}_1 - \overline{x}_2 - k \cdot \sigma \cdot \sqrt{\frac{n_1 + n_2}{n_1 \cdot n_2}} \leq \mu_1 - \mu_2 \leq \overline{x}_1 - \overline{x}_2 + k \cdot \sigma \cdot \sqrt{\frac{n_1 + n_2}{n_1 \cdot n_2}}) = 1 - \alpha.$$

Mit den Angaben erhalten wir

$\overline{x}_1 - \overline{x}_2 = 20{,}1 \text{ mm} - 19{,}9 \text{ mm} = 0{,}2 \text{ mm},$

$\sigma = 0{,}4$ mm und aus einer Tabelle der Standardnormalverteilung für ein symmetrisches Intervall mit $\alpha = 0{,}01$ den Wert 2,58 für k. Weiter ergibt sich wegen

$n_1 = 36$ und $n_2 = 34$

$$\frac{n_1 + n_2}{n_1 \cdot n_2} = \frac{100}{36 \cdot 64},$$

so daß

$$P(0{,}2\text{mm} - 2{,}58 \cdot 0{,}4\text{mm} \cdot \frac{10}{6 \cdot 8} \leq \mu_1 - \mu_2 \leq 0{,}2\text{mm} + 2{,}58 \cdot 0{,}4\text{mm} \cdot \frac{10}{6 \cdot 8}) = 0{,}99$$

und daraus

$$P(0{,}2\text{ mm} - 0{,}215\text{ mm} \leq \mu_1 - \mu_2 \leq 0{,}2\text{ mm} + 0{,}215\text{ mm}) = 0{,}99$$

und schließlich

$$P(-0{,}015\text{ mm} \leq \mu_1 - \mu_2 \leq 0{,}415) = 0{,}99.$$

Die Nullhypothese liegt im Annahmebereich. Mit 1% Irrtumswahrscheinlichkeit wird sie nicht abgelehnt.

**Lösung zu Aufgabe 77**

Die Nullhypothese lautet
$H_0$: $\mu_1 - \mu_2 = 0$.

Für den Annahmebereich gilt nach der t–Verteilung

$$P(\overline{x}_1 - \overline{x}_2 - t \cdot s \cdot \sqrt{\frac{n_1 + n_2}{n_1 \cdot n_2}} \leq \mu_1 - \mu_2 \leq \overline{x}_1 - \overline{x}_2 + t \cdot s \cdot \sqrt{\frac{n_1 + n_2}{n_1 \cdot n_2}}) = 1 - \alpha.$$

Aus den Angaben erhalten wir für die modifizierte Stichprobenvarianz

$$\tilde{s}^2 = \frac{1}{n_1+n_2-2} \cdot ((n_1-1)\cdot \tilde{s}_1^2 + (n_2-1)\cdot \tilde{s}_2^2)$$

$$= \frac{1}{11+16-2}\cdot ((11-1)\cdot 1{,}68 \text{ m} + (16-1)\cdot 2{,}04 \text{ m})$$

$$= \frac{47{,}4}{25} \text{ m} = 1{,}896 \text{ m}.$$

Mit

$$\overline{x}_1 - \overline{x}_2 = 6{,}54 \text{ m} - 7{,}85 \text{ m} = -1{,}31 \text{ m}$$

erhalten wir

$$P(-1{,}31\text{m}-2{,}06\cdot\sqrt{1{,}896\text{ m}\cdot\frac{27}{11\cdot 16}} \leq \mu_1-\mu_2 \leq -1{,}31\text{m}+2{,}06\cdot\sqrt{1{,}896\text{ m}\cdot\frac{27}{11\cdot 16}})$$
$$= 0{,}95$$

und daraus

$$P(-1{,}31\text{m} - 1{,}11\text{m} \leq \mu_1 - \mu_2 \leq -1{,}31\text{m} + 1{,}11\text{m}) = 0{,}95$$

und schließlich

$$P(-2{,}42\text{m} \leq \mu_1 - \mu_2 \leq -0{,}2\text{m}) = 0{,}95.$$

Der Annahmebereich überdeckt die Nullhypothese nicht. Mit 5% Irrtumswahrscheinlichkeit wird die Nullhypothese abgelehnt.

## Zusatzaufgaben

An dieser Stelle könnte man das Schild anbringen:

Ende des klausurrelevanten Teils.

In der Übung würden jetzt die Teilnehmer/innen den Hörsaal verlassen, nur ein kleines Grüppchen versammelt sich noch um den Professor und stellt Fragen. Vielleicht einfache Fragen, aber Fragen, die nur mit fortgeschrittenen Methoden beantwortet werden können. Wird man als Anfänger mit einer entsprechenden Bemerkung abserviert, ist man wohl frustriert.

Die Wahrscheinlichkeitstheorie als eine der bedeutendsten Wurzeln der heutigen Statistik hat entscheidende Impulse durch Fragen aus dem Bereich der Glücksspiele erfahren (Unsere Aufgabe 28 stammt eigentlich aus dem 17. Jahrhundert, in dieser Zeit wurden Teile unserer Aufgabe 22 von prominenten Zeitgenossen falsch gelöst).

Die nachfolgenden Aufgaben sind gedacht als Bonbons für wissensdurstige Anfänger und sollten ein Gefühl dafür geben, daß man mit einem Grundwissen an Statistik bereits interessante Probleme anpacken kann. Wenn sie das Interesse an fortgeschrittener Statistik wecken können, dann hat der Autor wieder einmal einige Pluspunkte in Sachen Motivation erzielen können.

**Aufgabe 78**

A)  Beim Lotto ("6 aus 49") gibt es den "Fünfer mit Zusatzzahl", d.h. außer den 6 Kugeln wird noch eine weitere Kugel als Zusatzzahl gezogen.

   a)  Wie groß ist die Wahrscheinlichkeit für einen "Fünfer mit Zusatzzahl"?

   b)  Wie groß ist die Wahrscheinlichkeit für einen "Fünfer ohne Zusatzzahl", wenn eine Zusatzzahl gezogen wurde?

B)  Vergleichen Sie dies mit der Wahrscheinlichkeit für einen "Fünfer", wenn keine Zusatzzahl gezogen wurde.


**Aufgabe 79**

Eine Urne enthält 1 weiße, 4 rote und 5 schwarze Kugeln. Es wird gezogen nach dem Ziehungsschema "Ziehen mit Zurücklegen".

Wie groß ist die Wahrscheinlichkeit, in 6 Ziehungen 2 weiße, 2 rote und 2 schwarze Kugeln zu ziehen?


**Aufgabe 80**

Wie groß ist die Wahrscheinlichkeit, daß ein Spieler beim Skatspiel (32 Karten)

a)  keine Buben,
b)  einen Buben,
c)  zwei Buben,
d)  drei Buben,
e)  vier Buben,
f)  vier Buben und vier Asse

erhält, wenn an den Spieler 10 Karten ausgeteilt werden?

**Aufgabe 81**

Ein Pokerspiel besteht aus 52 Karten (13 Werte, 4 Farben).

a) Wie groß ist die Wahrscheinlichkeit für einen "Vierer" von Assen, d.h. daß 4 der 5 ausgeteilten Karten Asse sind?

b) Wie groß ist die Wahrscheinlichkeit für einen "Vierer"?

c) Wie groß ist die Wahrscheinlichkeit für ein "full house" (auch "full hand" genannt), das sich speziell aus einem "Drilling" von Assen und einem "Paar" von Königen zusammensetzen soll?

d) Wie groß ist die Wahrscheinlichkeit für ein "full house" (also ein "Drilling" und ein "Paar" in einer Hand)?

e) Wie groß ist die Wahrscheinlichkeit für einen "Drilling"?

f) Wie groß ist die Wahrscheinlichkeit für "2 Paare"?

g) Wie groß ist die Wahrscheinlichkeit für "ein Paar"?


**Aufgabe 82**

A) Wieviele Möglichkeiten gibt es beim Poker mit 52 Karten, wenn an einen Spieler 5 Karten ausgeteilt werden, einen

    a) "royal flush",
    b) "straight flush",
    c) "flush" (Flöte),
    d) "straight" (Straße)

zu erhalten?

B) Berechnen sie die Wahrscheinlichkeiten für einen

    a)    "royal flush",
    b)    "straight flush",
    c)    "flush",
    d)    "straight".

**Aufgabe 83**

Ein Student geht mittags in ein Restaurant oder er kocht sich ein Fertiggericht oder er geht in die Mensa.

Hat er an einem Tag in der Mensa gegessen, so wird er sich am nächsten Tag zufällig für eine der beiden anderen Möglichkeiten entscheiden. Hat er am Vortag im Restaurant gegessen, so entscheidet er sich nunmehr zufällig für eine der drei Möglichkeiten. Hat er am Vortag ein Fertiggericht gekocht, so ist die Wahrscheinlichkeit, daß er nunmehr wieder ein Fertiggericht kocht, doppelt so groß wie die des Mensabesuchs, aber nur halb so groß wie die des Restaurantbesuchs.

Mit welcher Wahrscheinlichkeit wird der Student, wenn er heute in der Mensa aß, übermorgen

    a)    wieder in die Mensa gehen,
    b)    in ein Restaurant gehen,
    c)    sich ein Fertiggericht kochen?

**Aufgabe 84**

Berechnen Sie für die Zufallsvariablen X und Y mittels der gemeinsamen Dichtefunktion

$$f(x) = \begin{cases} \dfrac{1}{4}x + \dfrac{1}{2}y & \text{für } 0 \leq y < 1 \text{ und } 0 \leq x < 2 \\ 0 & \text{sonst} \end{cases}$$

die marginale Dichtefunktion der Zufallsvariablen X und die marginale Dichte–
funktion der Zufallsvariablen Y.

**Lösung der Zusatzaufgaben**

**Lösung zu Aufgabe 78**

A) Es gibt 3 Modalitäten für die 49 Zahlen:
1. Eine Zahl gehört zu den "Richtigen".
2. Eine Zahl gehört zu den "Nieten",
3. Eine Zahl ist "Zusatzzahl".

Der Ziehungsmechanismus ist von der Art "Ziehen ohne Zurücklegen".

Die Lösung erfolgt mit der multihypergeometrischen Verteilung, einer Verallgemeinerung der hypergeometrischen Verteilung auf m (m $\geq$ 2) Modalitäten, hier für m = 3 (vgl. Leiner (1989), S. 43–44).

Es seien:

$N$ = 49 (Umfang der Grundgesamtheit)

$n$ = 6 (Stichprobenumfang)

$K_1$ = 6 (Anzahl der "Richtigen" in der Grundgesamtheit)

$K_2$ = 42 (Anzahl der "Nieten" in der Grundgesamtheit)

$K_3$ = 1 (Eine "Zusatzzahl")

$k_1$ = 5 (Anzahl der "Richtigen" beim Ankreuzen (entspricht der Stichprobe))

$k_2$ = 0 oder 1 (Anzahl der "Nieten" beim Ankreuzen)

$k_3$ = 1 oder 0 ("Zusatzzahl" angekreuzt oder nicht)

Dann lautet allgemein die Formel der Wahrscheinlichkeit für die 3 Merkmalsausprägungen $k_1$, $k_2$ und $k_3$ in der Stichprobe vom Umfang n (d.h. beim Ankreuzen)

$$\frac{\binom{K_1}{k_1} \cdot \binom{K_2}{k_2} \cdot \binom{K_3}{k_3}}{\binom{N}{n}}.$$

a) Als Wahrscheinlichkeit für einen "Fünfer mit Zusatzzahl" errechnen wir

$$\frac{\binom{6}{5}\cdot\binom{42}{0}\cdot\binom{1}{1}}{\binom{49}{6}} = \frac{6\cdot 1\cdot 2\cdot 3\cdot 4\cdot 5\cdot 6}{49\cdot 48\cdot 47\cdot 46\cdot 45\cdot 44}$$

$$= \frac{6}{13\,983\,816}$$

$$\cong 0{,}00000043.$$

b) Als Wahrscheinlichkeit für einen "Fünfer ohne Zusatzzahl" errechnen wir

$$\frac{\binom{6}{5}\cdot\binom{42}{1}\cdot\binom{1}{0}}{\binom{49}{6}} = \frac{6\cdot 42\cdot 1\cdot 2\cdot 3\cdot 4\cdot 5\cdot 6}{49\cdot 48\cdot 47\cdot 46\cdot 45\cdot 44}$$

$$= \frac{252}{13\,983\,816} \cong 0{,}00001802.$$

B) Gibt es keine "Zusatzzahl", so errechnet sich nach der hypergeometrischen Verteilung die Wahrscheinlichkeit für einen "Fünfer" als

$$\frac{\binom{6}{5}\cdot\binom{43}{1}}{\binom{49}{6}} = \frac{6\cdot 43}{13\,983\,816} = \frac{258}{13\,983\,816} \cong 0{,}00001845,$$

d.h. dies ist die Summe der in Aa) und Ab) errechneten Wahrscheinlichkeiten. Man beachte, daß in allen drei Formeln die Summe der oberen Zahlen der binomischen Koeffizienten im Zähler $N = 49$ ergibt, während die Summe der unteren Zahlen der binomischen Koeffizienten im Zähler $n = 6$ ergibt.

**Lösung zu Aufgabe 79**

Da "Ziehen mit Zurücklegen" vorliegt, ist in jeder Einzelziehung das Mischungs--verhältnis identisch, d.h.

$p_1 = 1/10$ (Wahrscheinlichkeit, eine weiße Kugel zu ziehen)

$p_2 = 4/10 = 2/5$ (Wahrscheinlichkeit, eine rote Kugel zu ziehen)

$p_3 = 5/10 = 1/2$ (Wahrscheinlichkeit, eine schwarze Kugel zu ziehen)

Die Lösung erfolgt mit der Multinomialverteilung, einer Verallgemeinerung der Binomialverteilung auf $m \geq 2$ Modalitäten, hier $m = 3$ (vgl. Leiner (1989), S. 41–42).

Mit

$n = 6$ (Stichprobenumfang)

$k_1 = 2$ (Anzahl der weißen Kugeln in der Stichprobe)

$k_2 = 2$ (Anzahl der roten Kugeln in der Stichprobe)

$k_3 = 2$ (Anzahl der schwarzen Kugeln in der Stichprobe)

lautet allgemein die Formel der Wahrscheinlichkeit für die drei Merkmalsaus--prägungen $k_1$, $k_2$ und $k_3$ in der Stichprobe vom Umfang n

$$\frac{n!}{k_1! \cdot k_2! \cdot k_3!} \cdot p_1^{k_1} \cdot p_2^{k_2} \cdot p_3^{k_3}.$$

Als Wahrscheinlichkeiten für je $k_1=2$, $k_2=2$ und $k_3=2$ in $n=6$ Ziehungen errechnen wir

$$\frac{6!}{2! \cdot 2! \cdot 2!} \cdot \left(\frac{1}{10}\right)^2 \cdot \left(\frac{2}{5}\right)^2 \cdot \left(\frac{1}{2}\right)^2 = \frac{1 \cdot 2 \cdot 3 \cdot 4 \cdot 5 \cdot 6}{1 \cdot 2 \cdot 1 \cdot 2 \cdot 1 \cdot 2} \cdot \frac{1}{100} \cdot \frac{4}{25} \cdot \frac{1}{4}$$

$$= \frac{9}{250} = 0{,}036.$$

Als Verallgemeinerung des binomischen Koeffizienten $\binom{n}{k} = \frac{n!}{k! \cdot (n-k)!}$, was in unserem Falle $\frac{n!}{k_1! \cdot k_2!}$ enstspricht, zeigt uns der multinomische Koeffizient, daß es für n=6 und $k_1=k_2=k_3=2$ genau 90 "günstige" Anordnungen von 2 weißen, 2 roten und 2 schwarzen Kugeln gibt, wobei jede dieser Anordnungen mit Wahrscheinlichkeit 1/2500 aufgrund der Unabhängigkeit der 6 Einzelversuche auftritt. Eine dieser 90 Anordnungen wäre, daß zuerst 2 weiße, dann 2 rote und sodann 2 schwarze Kugeln gezogen werden.

Man beachte außerdem, daß 2 weiße Kugeln gezogen werden können, obwohl die Urne nur eine weiße Kugel enthält, da "mit Zurücklegen" gezogen wird.

**Lösung zu Aufgabe 80**

a) Mit der hypergeometrischen Verteilung erhalten wir

$$\frac{\binom{4}{0} \cdot \binom{28}{10}}{\binom{32}{10}} = \frac{\frac{28!}{10! \cdot 18!}}{\frac{32!}{10! \cdot 22!}} = \frac{13 \quad 123 \quad 110}{64 \quad 512 \quad 240} \cong 0{,}2034 \,,$$

also rd. 20%, d.h. die Chance, keine Buben zu erhalten, liegt bei rd. 1:5.

Hierbei gibt $\binom{32}{10}$ alle Möglichkeiten an, aus 32 Karten 10 auszuwählen.
Hat der Taschenrechner nicht die Fakultätstaste (x!), so errechnet man

$$\binom{32}{10} = \frac{32 \cdot 31 \cdot 30 \cdot 29 \cdot 28 \cdot 27 \cdot 26 \cdot 25 \cdot 24 \cdot 23}{1 \cdot 2 \cdot 3 \cdot 4 \cdot 5 \cdot 6 \cdot 7 \cdot 8 \cdot 9 \cdot 10}$$

$$= 31 \cdot 29 \cdot 26 \cdot 23 \cdot 3 \cdot 5 \cdot 8$$

$$= 64\,512\,240.$$

Wie bekannt, gilt für binomische Koeffizienten

$$\binom{N}{n} = \frac{N!}{n! \cdot (N-n)!} = \frac{N \cdot (N-1) \cdot \ldots \cdot (N-n+1)}{1 \cdot 2 \cdot \ldots \cdot n},$$

nachdem in Zähler und Nenner mit $(N-n)! = 1 \cdot 2 \cdot \ldots \cdot (N-n)$ gekürzt wurde. Entsprechend lassen sich dann die anderen binomischen Koeffizienten ausrechnen.

b) Mit der hypergeometrischen Verteilung errechnen wir die Wahrscheinlichkeit, einen Buben zu erhalten:

$$\frac{\binom{4}{1} \cdot \binom{28}{9}}{\binom{32}{10}} = \frac{4 \cdot \frac{28!}{9! \cdot 19!}}{\binom{32}{10}} = \frac{27\,627\,600}{64\,512\,240} \cong 0{,}4283\,,$$

also rd. 43%.

c) Mit der hypergeometrischen Verteilung errechnen wir die Wahrscheinlichkeit, 2 Buben zu erhalten:

$$\frac{\binom{4}{2} \cdot \binom{28}{8}}{\binom{32}{10}} = \frac{6 \cdot \frac{28!}{8! \cdot 20!}}{\binom{32}{10}} = \frac{18\,648\,630}{64\,512\,240} \cong 0{,}2891\,,$$

also rd. 29%.

d) Mit der hypergeometrischen Verteilung errechnen wir die Wahrscheinlichkeit, 3 Buben zu erhalten:

$$\frac{\binom{4}{3} \cdot \binom{28}{7}}{\binom{32}{10}} = \frac{4 \cdot \frac{28!}{7! \cdot 21!}}{\binom{32}{10}} = \frac{4\,736\,160}{64\,512\,240} \cong 0{,}0734\,,$$

also rd. 7%, d.h. die Chance, drei Buben zu erhalten, liegt bei rd. 1:14.

e) Mit der hypergeometrischen Verteilung errechnen wir die Wahrscheinlichkeit, 4 Buben zu erhalten:

$$\frac{\binom{4}{4} \cdot \binom{28}{6}}{\binom{32}{10}} = \frac{\frac{28!}{6! \cdot 22!}}{\binom{32}{10}} = \frac{376\ 740}{64\ 512\ 240} \cong 0{,}0058\,,$$

also rd. 6 Promille, d.h. die Chance, 4 Buben zu erhalten, liegt bei rd. 1:170.

f) Mit der multihypergeometrischen Verteilung errechnen wir die Wahrscheinlichkeit, 4 Buben und 4 Asse zu erhalten:

$$\frac{\binom{4}{4} \cdot \binom{4}{4} \cdot \binom{24}{2}}{\binom{32}{10}} = \frac{276}{64\ 512\ 240} \cong 0{,}00000428\,,$$

also eine Chance von rd. 1 : 234 000 .

Der dritte binomische Koeffizient gibt an, daß es $\binom{24}{2} = \frac{24 \cdot 23}{1 \cdot 2} = 276$ Möglichkeiten gibt, aus 24 Karten (32 Karten vermindert um 4 Buben und 4 Asse) 2 beliebige Karten auszuwählen. Auch hier beachte man, daß die Summe der oberen Zahlen in den biniomischen Koeffizienten im Zähler 32 ergibt, während die Summe der unteren Zahlen in den binomischen Koeffizienten im Zähler 10 ergibt.

**Lösung zu Aufgabe 81**

a) Mit der hypergeometrischen Verteilung errechnen wir die Wahrscheinlichkeit für einen "Vierer" von Assen bei 5 Karten, die aus 52 Karten gezogen werden, als:

$$\frac{\binom{4}{4} \cdot \binom{48}{1}}{\binom{52}{5}} = \frac{48 \cdot 1 \cdot 2 \cdot 3 \cdot 4 \cdot 5}{52 \cdot 51 \cdot 50 \cdot 49 \cdot 48} = \frac{48}{2\,598\,960}$$

$$\stackrel{\sim}{=} 0{,}0000185 ,$$

d.h. eine Chance von rd. 1 : 54 000.

b) Da es 13 Werte gibt (von der As bis zur Zwei) bei 52 Karten, steigt die gesuchte Wahrscheinlichkeit für einen beliebigen "Vierer" auf das Dreizehnfache der in a) ermittelten Wahrscheinlichkeit, also auf

$$\frac{13 \cdot 48}{2\,598\,960} = \frac{624}{2\,598\,960} \stackrel{\sim}{=} 0{,}00024 ,$$

d.h. eine Chance von rd. 1 : 4000, einen <u>"Vierer"</u> zu erhalten.

c) Wir erhalten mit der multihypergeometrischen Verteilung (vgl. Leiner(1989), S. 43–44) die Wahrscheinlichkeit für ein "full house", das sich speziell aus einem "Drilling" von Assen und einem "Paar" von Königen zusammensetzt, als:

$$\frac{\binom{4}{3} \cdot \binom{4}{2} \cdot \binom{44}{0}}{\binom{52}{5}} = \frac{4 \cdot 6}{2\,598\,960} = \frac{24}{2\,598\,960} \stackrel{\sim}{=} 0{,}0000092 ,$$

d.h. eine Chance von rd. 1 : 108 000 für dieses spezielle "full house".

d) Es gibt 13·12 = 156 Möglichkeiten, aus 13 Werten mit 5 Karten einen "Drilling" und ein "Paar" zu bilden. Damit steigt die gesuchte Wahrscheinlichkeit für ein beliebiges "full house" auf das 156-fache, also auf

$$\frac{156 \cdot 24}{2\,598\,960} = \frac{3\,744}{2\,598\,960} \stackrel{\sim}{=} 0{,}00144 ,$$

d.h. eine Chance für ein <u>"full house"</u> von rd. 1 : 700.

e) Die Anzahl der Möglichkeiten für einen "Drilling" von Assen erhält man mit

$$\binom{4}{3} \cdot \binom{48}{2} = 4 \cdot \frac{48 \cdot 47}{1 \cdot 2} = 4\,512,$$

wenn aus 48 verbleibenden Nicht–As–Karten zwei ausgewählt werden sollen. Da es 13 Werte gibt, existieren zunächst einmal $13 \cdot 4\,512 = 58\,656$ Möglichkeiten für einen beliebigen "Drilling".

Da darin 3 744 Möglichkeiten für ein höherwertiges "full house" enthalten sind, müssen diese herausgerechnet werden. Es verbleiben demnach noch $58\,656 - 3\,744 = 54\,912$ Möglichkeiten für einen "Drilling".

Die Wahrscheinlichkeit für einen "Drilling" läßt sich daher angeben mit

$$\frac{54\,912}{2\,598\,960} \cong 0{,}0211285,$$

d.h. etwa 2 % oder einer Chance von rd 1 : 47.

f) Es gibt bei 13 Werten aus 52 Karten $\binom{13}{2} = \frac{13 \cdot 12}{1 \cdot 2} = 78$ Möglichkeiten, "2 Paare" zu bilden. Nach der multihypergeometrischen Verteilung realisiert sich jedes dieser "2 Paare" mit Wahrscheinlichkeit

$$\frac{\binom{4}{2} \cdot \binom{4}{2} \cdot \binom{44}{1}}{\binom{52}{5}} = \frac{6 \cdot 6 \cdot 44}{2\,598\,960} = \frac{1\,584}{2\,598\,960}.$$

Die gesuchte Wahrscheinlichkeit für "2 Paare" errechnet sich demnach mit

$$\frac{78 \cdot 1\,584}{2\,598\,960} = \frac{123\,552}{2\,598\,960} \cong 0{,}0475,$$

d.h. mit einer Chance von rd. 1 : 21.

g) Es gibt z.B. für ein "Paar" von Assen bei 52 Karten zunächst einmal

$$\binom{4}{2}\cdot\binom{48}{3} = 6\cdot\frac{48\cdot 47\cdot 46}{1\cdot 2\cdot 3} = 103\,776$$

Möglichkeiten. Da es 13 Werte gibt, erhalten wir für ein beliebiges "Paar" $13\cdot 103\,776 = 1\,349\,088$ Möglichkeiten.

Da darin 123 552 Möglichkeiten von "2 Paare" doppelt enthalten sind (also für jedes Paar separat) und auch das höherwertige "full house" ("Drilling" kann in den 3 Restkarten stecken) enthalten ist, müssen

$2\cdot 123\,552 + 3\,744 = 250\,848$ Möglichkeiten herausgerechnet werden.

Wir erhalten mit

$1\,349\,088 - 250\,848 = 1\,098\,240$

die Anzahl der Möglichkeiten für ein "Paar", in dem keine höheren Wertungen mehr enthalten sind ("ein Paar").

Die gesuchte Wahrscheinlichkeit für <u>"ein Paar"</u> beträgt damit wegen

$\binom{52}{5} = 2\,598\,960$ also $\frac{1\,098\,240}{2\,598\,960} \overset{\sim}{=} 0{,}422569$ ,

d.h. rd. 42%.


**Lösung zu Aufgabe 82**

A = As
K = König
D = Dame
B = Bube

A) a) Für einen "royal flush", nämlich die Reihenfolge

A, K, D, B, 10

gibt es 4 (farbreine) Möglichkeiten aufgrund der "Farben" (Kreuz, Pik, Herz und Karo).

b) für einen "straight flush" gibt es die Möglichkeiten

K, D, B, 10, 9
D, B, 10, 9, 8
B, 10, 9, 8, 7
10, 9, 8, 7, 6
9, 8, 7, 6, 5
8, 7, 6, 5, 4
7, 6, 5, 4, 3
6, 5, 4, 3, 2
5, 4, 3, 2, A

farbrein in 4 Farben, also insgesamt $9 \cdot 4 = 36$ Möglichkeiten.

c) Bei einem einfachen "flush" (Flöte) gibt es z:B. bei einer Herzflöte d.h. 5 beliebigen Herzkarten (also ohne bestimmte Reihenfolge) genau

$$\binom{13}{5} = \frac{13 \cdot 12 \cdot 11 \cdot 10 \cdot 9}{1 \cdot 2 \cdot 3 \cdot 4 \cdot 5} = 1\,287 \text{ Möglichkeiten,}$$

aus 13 Karten 5 Karten auszuwählen.

Berücksichtigt man alle 4 Farben, so sind es $4 \cdot 1\,287 = 5\,148$ Möglichkeiten.

Da darin der "royal flush" und der "straight flush" als höherwertig enthalten sind, müssen wir $4 + 36 = 40$ Möglichkeiten herausrechnen. Für den "flush" gibt es also insgesamt $5\,148 - 40 = 5\,108$ Möglichkeiten.

d) Bei einem einfachen "straight" (Straße) werden die unter Aa) und Ab) genannten 10 Reihenfolgen dadurch erweitert, daß auch Farbmischungen erlaubt sind. So weist z.B. die Straße A, K, D, B, 10 jetzt $4 \cdot 4 \cdot 4 \cdot 4 \cdot 4 = 4^5 = 1\,024$ Möglichkeiten auf, wenn für As und jede weitere Karte jeweils 4 Farben zur Verfügung stehen. Hieraus errechnen sich somit $10 \cdot 1\,024 = 10\,240$ Möglichkeiten für die erlaubten 10 Reihenfolgen. Da darin die höherwertigen "royal flush" und "straight flush" enthalten sind, müssen wieder 40 Möglichkeiten herausgerechnet werden.

Für den "straight" gibt es also insgesamt $10\,240 - 40 = 10\,200$ Möglichkeiten.

B) a) Die Wahrscheinlichkeit für einen "royal flush" beträgt

$$\frac{4}{2\,598\,960} \approx 0{,}0000015 ,$$

d.h. die Chance ist mit rd. 1 : 650 000 anzugeben.

b) Die Wahrscheinlichkeit für einen "straight flush" beträgt

$$\frac{36}{2\,598\,960} \approx 0{,}0000139 ,$$

d.h. die Chance ist mit rd. 1 : 72 000 anzugeben.

c) Die Wahrscheinlichkeit für einen "flush" beträgt

$$\frac{5\,108}{2\,598\,960} \approx 0{,}0019654 ,$$

also ungefähr 2 Promille, d.h. die Chance ist mit rd. 1 : 500 anzugeben.

d) Die Wahrscheinlichkeit für einen "straight" beträgt

$$\frac{10\ 200}{2\ 598\ 960} \cong 0{,}0039246 \,,$$

also ungefähr 4 Promille, d.h. die Chance ist mit rd. 1 : 250 anzu‑
geben.

**Lösung zu Aufgabe 83**

Wir bezeichnen die 3 möglichen Zustände mit:
R = Restaurant, F = Fertigericht und M = Mensa.

Es handelt sich um eine Markoff–Kette (vgl. Rutsch (1974), S.275–306.) mit fol‑
gender <u>Matrix von Übergangswahrscheinlichkeiten</u>:

$$P = \begin{array}{c} \phantom{P=}\begin{array}{ccc} M & R & F \end{array} \\ \begin{bmatrix} 0 & 1/2 & 1/2 \\ 1/3 & 1/3 & 1/3 \\ 1/7 & 4/7 & 2/7 \end{bmatrix} \begin{array}{c} M \\ R \\ F \end{array} \end{array}$$

Die letzte Zeile dieser Matrix erhalten wir durch die Überlegung, welche Alter‑
nativen der Student hat, wenn er am Vortag ein Fertiggericht gekocht hat. Dann
gilt nach den Angaben heute für die Wahrscheinlichkeiten:

$P(F) = 2 \cdot P(M)$, $P(R) = 2 \cdot P(F)$ und somit mit Sicherheit

$1 = P(M) + P(F) + P(R) = 1 \cdot P(M) + 2 \cdot P(M) + 4 \cdot P(M) = 7 \cdot P(M)$,

so daß $P(M) = 1/7$, $P(F) = 2/7$ und $P(R) = 4/7$.

Die Zeilensummen ergeben stets den Wert 1, da in jeder Zeile nur 3 Möglichkeiten
des Verhaltens am nächsten Tag bestehen.

Multipliziert man den Zeilenvektor der Wahrscheinlichkeiten

$$\begin{matrix} M & R & F \\ (1 & 0 & 0) \end{matrix},$$

der besagt, daß der Student heute (also in der Ausgangssituation) mit Sicherheit in die Mensa geht, nach mit der Matrix der Übergangswahrscheinlichkeiten P, so erhält man nach den Regeln der Matrizenmultiplikation den Zeilenvektor der Wahrscheinlichkeiten des morgigen Verhaltens:

$$(p_{1m}\ p_{2m}\ p_{3m}) = (1\ 0\ 0) \begin{bmatrix} 0 & 1/2 & 1/2 \\ 1/3 & 1/3 & 1/3 \\ 1/7 & 4/7 & 2/7 \end{bmatrix}$$

$$= (0\ 1/2\ 1/2).$$

Eine weitere Nachmultiplikation mit der Matrix P ergibt das Verhalten für übermorgen in Form des Zeilenvektors der Wahrscheinlichkeiten

$$(p_{1ü}\ p_{2ü}\ p_{3ü}) = (0\ 1/2\ 1/2) \begin{bmatrix} 0 & 1/2 & 1/2 \\ 1/3 & 1/3 & 1/3 \\ 1/7 & 4/7 & 2/7 \end{bmatrix}$$

$$= (10/42\ \ 19/42\ \ 13/42),$$
$$\ \ \ \ \ \ \ \ \ \ M \ \ \ \ \ \ \ R \ \ \ \ \ \ \ F$$

d.h. übermorgen wird der Student

a) mit Wahrscheinlichkeit $10/42 = 5/21$ wieder in die Mensa gehen,

b) mit Wahrscheinlichkeit $19/42$ in ein Restaurant gehen,

c) mit Wahrscheinlichkeit $13/42$ sich ein Fertiggericht kochen.

Eine andere Lösungsmöglichkeit besteht darin, mit Hilfe eines Übergangsgraphen die einzelnen Situationen nachzuvollziehen:

a)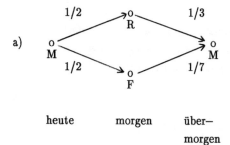

heute        morgen        über–
                                    morgen

$$P(\text{"übermorgen in Mensa"}) = 1/2 \cdot 1/3 + 1/2 \cdot 1/7 = 1/6 + 1/14 = 7/42 + 3/42$$
$$= 5/21.$$

b)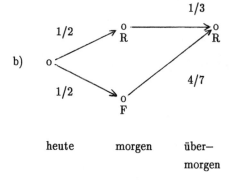

heute        morgen        über–
                                    morgen

$$P(\text{"übermorgen in Restaurant"}) = 1/2 \cdot 1/3 + 1/2 \cdot 4/7 = 1/6 + 2/7$$
$$= 19/42.$$

c)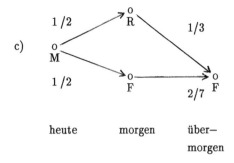

heute     morgen     über-
                                     morgen

P("übermorgen Fertiggericht") = $1/2 \cdot 1/3 + 1/2 \cdot 2/7 = 1/6 + 1/7$
$$= 13/42.$$

**Lösung zu Aufgabe 84**

Die marginale Dichtefunktion f(x) der Zufallsvariablen X erhalten wir aus der gemeinsamen Dichtefunktion f(x, y) durch "Herausintegrieren" von y:

$$f(x) = \int_{-\infty}^{\infty} f(x, y)\, dy = \int_0^1 (\frac{1}{4} x + \frac{1}{2} y)\, dy = (\frac{1}{4} xy + \frac{1}{4} y^2)\Big|_{y=0}^{y=1}$$

$$= \frac{1}{4} x + \frac{1}{4} \quad \text{für } 0 \leq x < 2.$$

so daß

$$f(x) = \begin{cases} \frac{1}{4} x + \frac{1}{4} & \text{für } 0 \leq x < 2 \\ 0 & \text{sonst.} \end{cases}$$

Die marginale Dichtefunktion f(y) der Zufallsvariablen Y erhalten wir aus der gemeinsamen Dichtefunktion f(x, y) durch "Herausintegrieren" von x:

$$f(y) = \int_{-\infty}^{\infty} f(x,y)\, dx \quad = \int_{0}^{2} (\frac{1}{4}x + \frac{1}{2}y)\, dx = (\frac{1}{8}x^2 + \frac{1}{2}xy)\Big|_{x=0}^{x=2}$$

$$= \frac{1}{2} + y \quad \text{für } 0 \leq y < 1,$$

so daß

$$f(y) = \begin{cases} \frac{1}{2} + y & \text{für } 0 \leq y < 1 \\ 0 & \text{sonst.} \end{cases}$$

**Literaturverzeichnis**

Leiner, B.: Einführung in die Statistik. München–Wien 1991$^5$.

Leiner, B.: Einführung in die Zeitreihenanalyse. München–Wien 1991$^3$.

Leiner, B.: Stichprobentheorie. München–Wien 1989.

Menges, G.: Grundriß der Statistik. Teil 1: Theorie. Köln–Opladen 1968.

Menges, G.: Statistische Übungsaufgaben. Saarbrücken 1967.

Rutsch, M.: Wahrscheinlichkeit I. Mannheim–Wien–Zürich 1974.

## Sachverzeichnis

(Die angegebenen Zahlen bezeichnen die Seiten)

Arbeitstabelle 75, 77

Bayes
 Theorem von – 45ff
Bernoullifolge 44, 66
Bernoulliparameter 44
Bewegungskomponenten 78
Binomialverteilung 59ff

Dichtefunktion
 – der Normalverteilung 68
 gemeinsame – 107ff

Ereignisraum
 eindimensionaler – 24, 25, 39
 zweidimensionaler – 38
Erwartungswert 51ff, 70

Fehler
 – 1. Art 83
 – 2. Art 83

Gütefunktion 83

hypergeometrische Verteilung 65

Konfidenzintervall 79
Konfidenzniveau 80
Korrelationskoeffizient
 empirischer – 73
 theoretischer – 72

leere Menge 24

Markoff–Kette 104ff
Moment
 gewöhnliches – 58
 zentrales – 59
multihypergeometrische
 Verteilung 93, 98f

Nullhypothese 81ff

OLS–Schätzung 74

Poissonverteilung 63f
Pokerspiel 98ff
Potenzmenge 25

Regeln von De Morgan 24
Regressionskoeffizient 76

Skatspiel 96ff
Standardisierung 68f
Standardnormalverteilung 68
Symmetrie 54, 56

Unabhängigkeit 32, 36

Varianz 52ff, 71
  Zerlegung der — 57
  empirische — 75
Verteilungsfunktion 50ff

Wahrscheinlichkeiten
  bedingte — 34
  gemeinsame — 33
  marginale — 33, 45
  Rand— 34, 45
  totale — 50

Ziehen mit Zurücklegen 66
Ziehen ohne Zurücklegen 65
Zufallsvariable 51f
Zusatzzahl (Lotto) 93f

## Errata

S. 23, 12. Zeile:     16 Schüler der 2. Mannschaft

S. 36, Aufgabe 18b)   $1 - 0{,}72 = 0{,}28$.

S. 69, letzte Zeile:   9,9412 mm